EDUCACIÓN AMBIENTAL EN LA PRÁCTICA

CONCEPTOS Y APLICACIONES

JOAQUIM CARLOS LOURENÇO

EDUCACIÓN AMBIEN-
TAL EN LA PRÁCTICA

CONCEPTOS Y APLICACIONES

Edición del autor
Campina Grande - 2020

Datos Internacional de Catalogación en la Publicación(CIP)

L892e	Lourenço, Joaquim Carlos, 1982 —
	Educación Ambiental en la Práctica: conceptos y aplicaciones / Joaquim Carlos Lourenço - 1ª Ed. – Campina Grande — PB; Independente, 2020.
	106p.; A5
	ISBN 979-86-407-275-86
	1. Educación. 2. Medio Ambiente. I. Título.

"Quien quiera hacerlo, lo hace. No espera que suceda."

Joaquim Carlos Lourenço [2018]

DEDICACIÓN

A mis padres, José y María.

AGRADECIMIENTOS

Estoy agradecido por el regalo de vida recibido, y por las buenas energías que fueron fundamentales en mi camino.

SOBRE EL AUTOR

 **Joaquim Carlos Lourenço** *tiene un doctorado en Recursos Naturales de la Universidad Federal de Campina Grande (2018). Máster en Recursos Naturales por la Universidad Federal de Campina Grande (2013). Tiene una especialización en Gestión Pública Municipal de la Universidad Federal de Paraíba (2011). Licenciado en Administración de Empresas por la Universidad Federal de Paraíba (2009). Trabajó como profesor en la Universidad Federal Rural de Pernambuco (UFRPE / UAST) en cursos de pregrado en Administración y Sistema de Información. Enseñó en el curso de pregrado en Administración Pública en la Universidad Estatal de Paraíba (UEPB). Tiene experiencia en Administración, Sistema de Información y Ciencias Ambientales. Autor de varios capítulos de libros. Tiene artículos publicados en eventos nacionales e internacionales, así como en revistas nacionales e internacionales. Es revisor de revistas científicas nacionales. Actualmente desarrolla actividades de investigación de forma independiente.*

PERSENTACIÓN

La globalización y la fuerte crisis cultural, social y ambiental, prevalecientes a principios del Tercer Milenio, intensificaron los ya graves problemas socioambientales de alcance global, como el efecto invernadero, la reducción de la biodiversidad, el hambre y los trastornos sociales, lo que demuestra que es necesario construir Un nuevo modelo de desarrollo económico.

En la búsqueda de mejores condiciones de vida, acumulación de capital y expansión del consumo por parte de las clases sociales más favorecidas, los seres humanos han estado explorando los recursos naturales de una manera cada vez más intensa. En consecuencia, el medio ambiente ha sufrido cambios importantes, que han impactado las vidas de millones de personas en el planeta.

Desde esta perspectiva, es importante incluir las prácticas de Educación Ambiental en los procesos de sensibilización y movilización de personas para desarrollar acciones a favor de la sostenibilidad. Especialmente que los valores, actitudes y habilidades se incorporan a la vida diaria para asumir sus responsabilidades.

La idea de escribir un libro sobre este tema surgió debido a las dificultades para obtener una bibliografía sobre este tema, que aborda el concepto con un carácter efectivamente interdisciplinario y unánime, además de la verificación de acciones desarrolladas erróneamente entendidas como Educación Ambiental en los diferentes espacios de capacitación.

El libro presenta un lenguaje dinámico, pero al mismo tiempo técnico, para que pueda llegar a una audiencia tan multidisciplinaria como el tema, y tanto como debería ser tratado por la sociedad.

Este trabajo fue diseñado con el propósito de proporcionar material de enseñanza consolidado. El contenido desarrollado se orientó hacia temas específicos transversales a la Educación Ambiental.

El propósito de este libro es presentar un enfoque original en Educación Ambiental, para explicar conceptos y prácticas que no se entienden como Educación Ambiental. Considerando otros conceptos técnicos relacionados con el tema, ya que es de fundamental importancia comprenderlos para comprender mejor el término, su uso y aplicación correctos.

En el capítulo 1, se presentan los conceptos básicos necesarios para una buena comprensión de la Educación Ambiental. En el capítulo 2, el concepto de recolección selectiva se discute de manera técnica y práctica. En el capítulo 3, se aborda la caracterización de los residuos sólidos. En el capítulo 4, se presentan conceptos técnicos y aplicaciones de temas relacionados con la cadena de materiales reciclables.

El Capítulo 5 aborda eventos específicos desarrollados como Educación Ambiental. El Capítulo 6 aclara la importancia de la gestión ambiental para la preservación de los recursos naturales, presentando conceptos básicos y prácticas comerciales y gubernamentales necesarias para su efectividad. Finalmente, presenta breves reflexiones sobre temas ambientales.

La expectativa del autor es presentar conocimiento sobre Educación Ambiental capaz de proporcionar una reflexión más holística de la sociedad sobre el medio ambiente. De esta manera, espero cumplir mi función social de poner a disposición de la sociedad, el conocimiento adquirido a lo largo de mi experiencia estudiantil y profesional.

ÍNDICE

CAPITULO 1

Educación Ambiental

La globalización y la fuerte crisis cultural, económica, social y ambiental, prevalecientes a principios del siglo XXI, han intensificado los graves problemas socioambientales en todo el planeta, como el efecto invernadero, la crisis del agua, un aumento de plagas y enfermedades en la agricultura y la ganadería, La reducción de la biodiversidad, el hambre y los desórdenes sociales, dejando en claro que es necesario construir un nuevo modelo de desarrollo económico.

En este escenario de constantes transformaciones antrópicas, la búsqueda de mejores condiciones de vida, la acumulación de capital y el aumento del consumo por parte de las clases sociales más favorecidas, la presión sobre los recursos naturales ha aumentado y algunos ecosistemas ya han alcanzado su límite de soporte, es decir, La explotación de los recursos naturales está por encima de la capacidad de regeneración del planeta.

A mediano y largo plazo, las perturbaciones sociales y ambientales pueden afectar la vida de millones de personas en el planeta. La degradación del medio ambiente tiene consecuencias sociales, culturales, políticas, económicas y ambientales para toda la sociedad y, por consiguiente, un ciclo de crisis, como la actual crisis ambiental, que, según Pereira (2014) [33]:

> Se deriva de estas transformaciones repentinas resultantes de la apropiación del medio ambiente por parte del ser humano, que se intensificó de tal manera que el tema comenzó a convertirse en tema de debates y debates, congresos, publicaciones en periódicos, revistas y noticias de televisión, alcanzando proporciones mundiales y dando lugar a a una serie de esfuerzos e iniciativas en un intento por revertir la situación de degradación ambiental. Y según el autor, es en este escenario donde aparece la Educación Ambiental (EA), como una propuesta que conlleva la perspectiva de formar una nueva acción social, moral y ética.

Para Azevêdo (2014), la Educación Ambiental es una dimensión de la educación, una actividad que induce un carácter social en el desarrollo de los individuos en su interacción con la naturaleza y con los seres humanos. Por lo tanto, la Educación Ambiental tiene como objetivo maximizar esta actividad humana, a fin de cubrirla con una práctica social efectiva y una ética ambiental.

La Educación Ambiental tiene el desafío de promover una nueva relación armoniosa entre la sociedad y el medio ambiente, a fin de garantizar a las generaciones actuales y futuras un desarrollo personal y colectivo más justo, equitativo y sostenible. A través de la Educación

Ambiental, es posible repensar las prácticas sociales basadas en una comprensión esencial del medio ambiente, así como asumir problemas y soluciones, buscando enfatizar la responsabilidad de cada individuo en el entorno social.

El objetivo final de la Educación Ambiental es llegar a un grupo social o un individuo desde el conocimiento de su realidad inmediata, para lograr cambios en la conciencia, actitudes y comportamientos, y mediante un método de análisis crítico, su propia responsabilidad y alentar la participación en la resolución de problemas ambientales, en cooperación con el resto de la población [4].

La Educación Ambiental es un proceso de intervención educativa formal e informal que busca promover una conciencia crítica del individuo o grupo de personas, por los problemas ambientales en su realidad. Además, la Educación Ambiental ayuda a las personas a reflexionar sobre diferentes problemas ambientales, reconsiderar sus concepciones e internalizar el conocimiento para mejorar su realidad social.

De acuerdo con Campos et al. (2011), tanto la educación ambiental como la interpretación ambiental son herramientas útiles para crear conciencia sobre los problemas ambientales y para capacitar a la población en la búsqueda de la sostenibilidad. Ambos apuntan a un cambio en la actitud del ser humano hacia la naturaleza.

Es por eso que es tan importante incluir las prácticas de Educación Ambiental en los procesos de sensibilización y movilización de las personas para que desarrollen acciones a favor de la sostenibilidad ambiental, especialmente, lo que permite la incorporación en la vida diaria de cada individuo, valores, actitudes y habilidades para que Asumen la responsabilidad del desarrollo económico sostenible.

En este contexto, la Educación Ambiental es una alternativa para obtener mejores resultados de la sociedad con respecto al conocimiento, las actitudes y los procedimientos esperados de la población en relación con la conservación y preservación del medio ambiente. Sin duda, la Educación Ambiental puede generar cambios en las actitudes y el comportamiento de las personas en su vida diaria.

1.1 Génesis de la Educación Ambiental

La conciencia conservacionista del medio ambiente comenzó a ganar más importancia en la escena mundial recientemente, cuando la gente se dio cuenta de que las prácticas intensivas de exploración y producción de industrias causan serios problemas ambientales para la vida en el planeta.

Fue a partir de estos supuestos, requisitos legales y conciencia de la gente que surgieron las concepciones iniciales de Educación Ambiental. En las últimas dos décadas del siglo XX, el tema estuvo a la vanguardia de la agenda internacional de varios eventos ambientales por parte de organizaciones gubernamentales mundiales y organizaciones del tercer sector.

En la década de 1960, según Wagner et al. (2011) ha aumentado la conciencia sobre los impactos negativos de la humanidad en la naturaleza, y se han desarrollado políticas y programas ambientales en todo el mundo. Las personas se han vuelto más conscientes de su propio impacto en el medio ambiente, en su vida diaria.

Durante la década de 1970, la Educación Ambiental obtuvo más evidencia, después de un gran esfuerzo conjunto de la Organización de las Naciones Unidas para la Educación, la Ciencia y la Cultura (UNESCO) y el Programa de las Naciones Unidas para el Medio Ambiente (PNUMA) para colocar la Educación Ambiental en el encabeza la agenda mundial como instrumento para el desarrollo sostenible y para mejorar la calidad de vida.

En 1972, en la Conferencia de las Naciones Unidas sobre el Medio Humano, celebrada en Estocolmo, Suecia, la Educación Ambiental se presentó como una parte esencial de las soluciones multifacéticas para reducir los problemas ambientales de la humanidad, y la degradación ambiental se consideró como un problema social.

Las décadas de 1980 y 1990 marcaron los principales eventos ambientales para la definición de Educación Ambiental, como la Conferencia de Estocolmo en 1987, cuando se estableció el Informe Brundtland; la Conferencia de las Naciones Unidas Eco Rio 1992, en la ciudad de Río de Janeiro, sobre la Agenda 21; y Río + 10, la Cumbre Mundial sobre Desarrollo Sostenible en 2002, celebrada en Johannesburgo, Sudáfrica.

En estas conferencias, se elaboraron definiciones, objetivos, principios, estrategias y recomendaciones para la Educación Ambiental, y se establecieron metas y plazos para proyectos socioambientales que abordan la EA.

En Brasil, el avance de la conciencia ambiental se produjo principalmente en ese mismo período, entre los años ochenta y noventa, convirtiéndose en el objeto de un conjunto significativo de políticas públicas para organizaciones públicas y privadas, principalmente después de la creación de la Agenda 21 en Eco Rio 1992, en la ciudad de Rio de Janeiro.

Desde la perspectiva de las políticas educativas públicas, en la década de 1990, con la promulgación de la Ley N ° 9394 en 1996, la Ley de Directivas y Bases de la Educación (LDB), comienza una nueva etapa de reformas destinadas a alcanzar no más proyectos educativos aislados, sino más bien para regular todo el sistema educativo nacional.

Sin embargo, las Pautas y Bases de Educación no establecieron ninguna definición de Educación Ambiental, ni hicieron mención expresa de ella directamente, solo pequeños extractos dan una indicación vaga de la intención de abordar este problema.

En 1999, la Ley N ° 9.795 creó la Política Nacional de Educación Ambiental (PNEA), que prevé la Educación Ambiental en diferentes niveles de educación, proponiendo su enfoque no como una disciplina, sino como un trabajo interdisciplinario y transversal. Esta disposición es consistente con los principios considerados hasta hace poco, sin embargo, no se relaciona con las formas prácticas y los problemas metodológicos de los enfoques, ni se preocupa por ofrecer condiciones al sector educativo público para implementarla.

En el mismo año, se formuló el Programa Nacional de Educación Ambiental (ProNEA), además de la Política Nacional de Educación Ambiental, y para dar más visibilidad a la Educación Ambiental en el país. A su vez, solo en 2002 la Política Nacional de Educación Ambiental obtuvo estatus legal, cuando fue regulada por el Decreto Federal n° 4.281.

En 1999 se instituyó la Ley 9.795, que en su Artículo 1 describe la Educación Ambiental como procesos a través de los cuales el individuo y la comunidad construyen valores sociales, conocimientos, habilidades, actitudes y competencias dirigidas a la conservación y preservación del medio ambiente, un bien para el uso común de las personas, esencial para una calidad de vida saludable y su sostenibilidad.

1.2 El Corazón de la Educación Ambiental

La Educación Ambiental debe centrarse en la educación para promover la conciencia ambiental en todo el entorno humano, con el objetivo de generar preocupación en las personas, lo que se convierte en un compromiso de hacer algo por el medio ambiente, tanto individual como colectivamente, a cualquier escala. La forma de vida de cada individuo, cuando se mejora o modifica con actitudes más sostenibles, puede marcar la diferencia.

En este sentido, la Educación Ambiental no debe limitarse a la provisión de información, sino que debe ayudar a las personas a reconsiderar sus conceptos erróneos sobre diferentes problemas ambientales, y a estudiar y reflexionar sobre los sistemas de valores más o menos aceptados explícitamente. En resumen, la Educación Ambiental busca promover el cambio social a través del desarrollo de valores, actitudes y habilidades en los ciudadanos, para que asuman su responsabilidad social y ambiental [4].

Las condiciones ambientales son el resultado de elecciones sociales, políticas, económicas, culturales y tecnológicas, y no solo de naturaleza física, por lo que la Educación Ambiental debe apuntar a establecer un nuevo conjunto de valores para guiar a los ciudadanos en sus decisiones, y proporcionar una actitud de responsabilidad hacia el medio ambiente y los espacios sociales de la sociedad.

Juntas, las organizaciones públicas, las empresas privadas, los representantes políticos, las organizaciones no gubernamentales (ONGs), los medios de comunicación, las instituciones educativas y financieras, los educadores y los ciudadanos, deben buscar soluciones para remediar y / o mitigar los problemas ambientales actuales. enfrentado por la sociedad.

La Educación Ambiental es una herramienta formidable para crear conciencia en la sociedad, con el objetivo de resolver problemas ambientales serios. EA se puede utilizar para mejorar las relaciones humanas con el medio ambiente y para resolver problemas sociales y ambientales.

En esta perspectiva, Denicol y Conto (2014) declararon que la Educación Ambiental se entiende como una necesidad de capacitación permanente para todos los ciudadanos, con todos los sectores de la sociedad, las instituciones educativas, el sector privado y el sector público proponiendo acciones y políticas que lo incluyen en su planificación y gestión.

La educación ambiental es una forma integral de educación, que busca llegar a todos los ciudadanos a través de la educación formal o mediante acciones informales. El principal desafío de la Educación Ambiental es sensibilizar a la sociedad ante las crecientes transformaciones de los espacios y ecosistemas urbanos.

> La educación ambiental tiene una influencia significativa en la conciencia ambiental del individuo. Por lo tanto, EA debe ser parte de un cambio y transformación cultural, enfrentando una ética ambiental. Por lo tanto, podemos decir que EA es, sobre todo, una educación para la acción, desde un enfoque global e interdisciplinario, que facilita una mejor comprensión de los procesos ecológicos, económicos, sociales y culturales [4 e 19].

A pesar de su importancia, ha habido una serie de dificultades en el desarrollo de la Educación Ambiental o incluso en el desarrollo de acciones entendidas erróneamente como Educación Ambiental, en los diferentes espacios de capacitación, que difícilmente adquieren un carácter interdisciplinario efectivo, posiblemente debido a dificultad para comprender cuál puede ser esta interdisciplinariedad, que se propone [33].

Giesta (2012) destaca el hecho de que no existe unanimidad en el concepto de Educación Ambiental, según la investigadora:

> Incluso con el aumento significativo en los foros de debate sobre el tema, las suposiciones que guían a los teóricos están lejos de ser un consenso. Esto indica la necesidad de discusión y reflexión sobre teoría y práctica. En vista de esto, es posible suponer que, a lo largo de los años, se abordaron varias "educaciones ambientales", guiadas por diferentes aspectos, supuestos, ideologías, políticas y metodologías.

De esta manera, aunque la propuesta de interdisciplinariedad no cuestiona la organización disciplinaria de la ciencia moderna, señala la necesidad de que tales fragmentos se aborden dentro del alcance de sus relaciones intrínsecas. Esto se debe a que, en la medida de lo posible, y es esencial, subdividir la realidad en el campo teórico, para facilitar su estudio, existen componentes que están inexorablemente interconectados, como debería ocurrir en el caso de la Educación Ambiental [33].

En esta perspectiva, la Educación Ambiental debe proporcionar un enfoque holístico que permita al individuo comprender el complejo entorno natural y las interrelaciones entre el hombre y sus transformaciones en los aspectos biológicos, físicos, sociales, económicos y culturales del entorno en el que vive.

Las transformaciones más notables por los ciudadanos son la sobreexplotación de los recursos no renovables, la contaminación del aire, los ríos y el agua, y la relación de consumo excesivo actual, que ha contribuido a una mayor producción de residuos sólidos, lo que representa un riesgo para la degradación de ecosistemas.

En base a esta percepción, y como una solución para proteger la naturaleza, la Educación Ambiental es una opción para sensibilizar a la población contra la degradación del medio ambiente. Para esto, es necesario que los ciudadanos adquieran conocimiento de los impactos negativos de sus acciones y tomen decisiones correctas en el acto de consumo.

Nuevamente, es esencial promover acciones que fomenten la adopción de prácticas sostenibles de producción y consumo, además de prácticas comerciales y organismos públicos socialmente responsables, con el objetivo de expandir la recolección selectiva.

CAPITULO 2

Recogida Selectiva

El ser humano, tanto individualmente como organizado en un grupo social de cualquier nivel de escala y complejidad, tiene una gran capacidad para modificar los recursos del medio ambiente y producir nuevas sustancias capaces de agregar nuevos elementos físicos, químicos y biológicos a los ecosistemas.

Entre los nuevos elementos añadidos por los seres humanos a la naturaleza, podemos mencionar los residuos sólidos, que según Gonçalves-Dias (2015) aumentan cada vez más el "montón de basura" formado por los residuos industriales y los productos obsoletos desechados en la naturaleza.

Para el investigador, este fenómeno es difícil de detener, debido al crecimiento en la producción, el consumo y la eliminación acelerada debido a la obsolescencia programada de los productos, la multiplicación de nuevos modelos y versiones constantemente disponibles para el público (Id., Ibid.).

De esta manera, se está creando una ideología consumista global que se está extendiendo con relativa independencia en relación con las prácticas concretas de consumo de las cuales permanecen las grandes masas de población de la periferia. Estos son doblemente victimizados por este dispositivo ideológico: por la privación del consumo efectivo y por el encarcelamiento en el deseo de tener. Peor que reducir el deseo de consumo es reducir el consumo al deseo de consumo [40].

Subyacente, la prevención de la generación de residuos sólidos se ha convertido en un desafío ambiental de dimensiones sin precedentes. Por lo tanto, es necesario que los ciudadanos adquieran conocimiento de los impactos negativos de sus acciones y tomen decisiones correctas en el acto de consumo, así como los agentes del gobierno y el sector privado buscan implementar medidas que se centren en prevenir la generación de residuos sólidos.

Lo que se requiere es una reducción en la generación de residuos sólidos, que va más allá del simple reemplazo de productos contaminantes por productos ecológicos o limpios, con el mismo o mayor nivel de consumo. Los nuevos sistemas de producción deben tener como premisa, reconfigurar, reutilizar y reciclar.

El reciclaje es un conjunto de técnicas que, para Marchi (2011), tienen como objetivo aprovechar los desechos sólidos y reutilizarlos en el ciclo de producción del que surgieron. Este elemento está vinculado a una herramienta de gestión llamada logística de flujo de retorno o logística inversa, que recupera productos y los reintegra en los ciclos productivos y comerciales.

Como la generación de residuos sólidos es ininterrumpida, ya que el consumo de la población es diario, Paschoalin Filho et al. (2014) argumentan que es necesario implementar servicios de recolección selectiva, además de promover acciones de reciclaje, para valorar los desechos sólidos desechados y reducir los volúmenes enviados a los vertederos.

Para la implementación de acciones dirigidas al reciclaje de residuos sólidos, inicialmente, las asociaciones deben considerarse como elementos esenciales para hacer factibles los programas de recolección selectiva, conciliando la necesidad de crear la infraestructura necesaria para que el programa sea efectivo.

2.1 Programas de Recogida Selectiva

La efectividad de los programas e iniciativas de recolección selectiva requiere necesariamente la participación de la población, considerada al final de la cadena de producción y consumo, los principales generadores de desechos sólidos.

En este contexto, las políticas públicas para aumentar la conciencia pública sobre la importancia de la recolección selectiva de residuos sólidos son muy importantes para el éxito de la gestión. El objetivo principal de la gestión debe centrarse en minimizar la generación de residuos sólidos, proporcionando una recolección, transporte, tratamiento o disposición final adecuada que sea ambientalmente correcta.

A pesar de la importancia de la recolección selectiva, tanto en la reducción del volumen de residuos sólidos enviados a los vertederos como en la valoración económica de los residuos sólidos reciclables, Paschoalin Filho et al. (2014) consideran que:

> algunos municipios aún notan la aparición de programas que no son muy maduros y de baja eficiencia, lo que hace poco para resolver los problemas de gestión de residuos sólidos. Además, todavía hay varios municipios que no tienen programas implementados para la recolección selectiva, incluso con el requisito del PNRS.

El PNRS define la recolección selectiva como la "recolección de residuos sólidos urbanos previamente segregados, de acuerdo con su constitución o composición". La recolección selectiva es uno de los mecanismos utilizados para la disposición final adecuada de una porción de desechos sólidos reciclables.

La recogida selectiva es un proceso para seleccionar materiales reciclables, como papel, vidrio, plásticos y metales. Para la separación de residuos sólidos reciclables, la Resolución del Consejo Nacional del Medio Ambiente (CONAMA) nº 275 de 2001, establece un código de color para distinguir los contenedores de diferentes tipos de residuos sólidos.

Los colores de los contenedores representan el tipo de residuos que cada uno debe recibir en el proceso de separación selectiva de residuos sólidos. Básicamente, estos ya no corresponden a las necesidades del sector, por lo que hay una discusión para cambiar esta clasificación de los colores de los contenedores, ya que no hay necesidad de tantos coleccionistas.

La recolección selectiva no es factible con una recolección separada en varios tipos de contenedores de recolección. Para la viabilidad de la recolección selectiva, solo se necesitarían tres tipos de recolectores, uno para desechos sólidos reciclables secos, uno para desechos sólidos reciclables húmedos y otro para desechos / desechos sólidos no reciclables.

La recolección de residuos separados por tipos es una de las opciones para enfrentar el problema de la disposición final inadecuada. La recolección y disposición final se presenta como uno de los mayores desafíos que enfrenta la sociedad moderna, debido a la creciente cantidad de generación, los gastos financieros relacionados con su gestión, los impactos negativos sobre el medio ambiente, los animales y la salud humana.

La acumulación continua de residuos sólidos a lo largo del tiempo aumenta su volumen. En este contexto, la administración pública municipal es responsable de organizar, gestionar y proporcionar servicios públicos para la recolección de residuos sólidos, hacer el tratamiento y / o su disposición final, que debe ser apropiado.

La autoridad pública se convierte en un jugador clave en la recolección y eliminación de residuos sólidos, adoptando la recolección selectiva. El servicio de recolección selectiva brindado por los municipios brasileños ha avanzado en los últimos años, pero aún está muy por debajo de los niveles requeridos para reducir efectivamente la cantidad de residuos sólidos potencialmente reciclables que todavía se eliminan en vertederos o vertederos, así como los impactos negativos resultantes.

La efectividad de los programas e iniciativas de recolección selectiva requiere necesariamente la participación de los ciudadanos, los generadores de residuos sólidos. La conciencia de la población es un factor determinante para la eficiencia de la segregación de residuos sólidos urbanos. La efectividad de la recolección selectiva implica la participación de diferentes agentes, tales como: recolectores de materiales reciclables, el gobierno local, la comunidad y las empresas.

La participación proactiva de diferentes actores sociales en los programas de recolección selectiva es importante para su éxito. Del mismo modo que la implementación de programas por parte de los municipios. La recolección selectiva es un elemento clave para la inclusión de recolectores de materiales reciclables, a través de asociaciones o cooperativas.

Los recolectores de materiales reciclables vinculados a cooperativas o asociaciones son agentes que pueden colaborar con la reducción de los impactos ambientales negativos resultantes de los desechos sólidos, cuando se eliminan de manera inadecuada, al mismo tiempo que la venta de materiales reciclables es una fuente de ingresos para su familia. La importancia de la recolección selectiva y el papel relevante de estos trabajadores en la sociedad.

PNRS reconoce a las organizaciones de recolectores de materiales reciclables como agentes clave en la cadena de reciclaje en el país, por el trabajo desarrollado en la recolección selectiva de materiales reciclables. Debido a la acción anónima y precaria de estos profesionales, la recolección selectiva de residuos sólidos ocurre de manera difusa en la mayoría de las regiones, principalmente en programas piloto de ONGs, entidades religiosas y universidades.

Según el PNRS, los municipios que implementan la recolección selectiva con la participación de cooperativas o asociaciones de recolectores de materiales reciclables, formados por personas de bajos ingresos, tendrán prioridad para acceder a los recursos transferidos por el gobierno federal.

Del mismo modo, el municipio puede privilegiar con incentivos económicos a los consumidores y las empresas que participan en los programas de recolección selectiva y logística inversa.

El PNRS va más allá de la simple apreciación del trabajo realizado por los recolectores de materiales reciclables, al recomendar la priorización de las asociaciones entre empresas y estos profesionales, organizadas en cooperativas o asociaciones, para llevar a cabo actividades de logística inversa.

Sin embargo, la mayoría de las cooperativas y asociaciones de recolectores de materiales reciclables enfrentan la falta de infraestructura para recolectar, transportar, empacar o almacenar grandes cantidades de materiales reciclables y desechos sólidos, lo que hace que las asociaciones y / o ventas directas a la industria del reciclaje sean imposibles.

Básicamente, esto significa que algunos no pueden

formar asociaciones y, por lo tanto, se ven obligados a vender a intermediarios, comprometiendo sus ganancias y la sostenibilidad de sus operaciones.

Esta conjetura señala la necesidad de apoyo institucional de los municipios para las cooperativas y asociaciones de recolectores de materiales reciclables, para la adquisición de equipos, cobertizos de clasificación y vehículos para recolectar y transportar, ya que la mayoría de estas organizaciones carecen de la infraestructura operativa. La inclusión de estos actores sociales según el PNRS debe incluir el apoyo técnico y financiero y la adquisición de infraestructura.

Baptista (2015) advierte que el modelo de colección selectiva y las políticas públicas centradas en el tema aún sufren esta disociación entre los núcleos que piensan y ejecutan políticas. Y esto impacta el desarrollo de las actividades de las cooperativas y asociaciones, ya que sus necesidades no se observan cuando se crean las políticas.

Esto sería algo obvio, ya que si los afectados por la política no son parte del proceso de diseño, muchas partes significativas del proceso no se consideran, lo que debilita la política pública en sí. Además, se crea una política que no observa a los actores que pasan por este sistema, lo que debilita las posibilidades de esa política [6].

Cuando el programa idealizado de recolección selectiva mezcla la participación de todos los actores sociales de la sociedad involucrada, [...] la recolección correcta de desechos sólidos y la conciencia de los ciudadanos se pueden hacer en mayor proporción cada vez, reduciendo así las impurezas. Impactos ambientales de los residuos sólidos recogidos.

Con este fin, las campañas desarrolladas deben ser repensadas, entendidas e implementadas como una estrategia de planificación tenue importante para aumentar la conciencia de los ciudadanos, sin la cual los siguientes esfuerzos pueden no dar los resultados deseados.

La recolección selectiva y el reciclaje juegan un papel muy importante en la recuperación de las materias primas que de otro modo se tomarían de la naturaleza, ya que los materiales recolectados se reutilizan, reconfiguran o remanufacturan, y se devuelven como materia prima o nuevos productos para el ciclo económico.

Estratégicamente, el reciclaje reduce el consumo de energía que se utilizaría para producir y extraer recursos naturales, reduce la contaminación del suelo, el agua y el aire, contribuye a la generación de empleos e ingresos, disminuye el gasto en limpieza urbana y gestión de residuos sólidos, además de contribuir a la preservación de los recursos naturales.

Con la posibilidad inminente de agotar los recursos naturales no renovables, aumenta la necesidad de reutilizar, reconfigurar y remanufacturar materiales y productos reciclables en condiciones de uso.

Paschoalin Filho y col. (2014) consideran que la generación de residuos sólidos, su recolección y destino final son preocupaciones importantes en las tareas de las agencias responsables de la limpieza pública en los municipios brasileños. Esto requiere una gestión consciente de su gestión y destino, tanto en el ámbito público como privado.

La necesidad de desarrollar una infraestructura

para recolectar desechos sólidos y productos post-consumo, e identificar alternativas para asegurar la reutilización, reconfiguración o disposición segura de los desechos, son actividades que aún son incomprensibles para la mayoría de las empresas brasileñas.

Los municipios del país aún tienen un largo camino por recorrer para formalizar e implementar iniciativas de recolección selectiva, ya que del total de 5,565 municipios brasileños, solo 3,878 tienen alguna iniciativa / programa de recolección selectiva [2].

Como se mencionó anteriormente, a pesar de la baja tasa de programas o iniciativas municipales de recolección selectiva, algunos municipios tuvieron sus acciones interrumpidas debido a la poca aceptación de la comunidad, errores en la planificación, altos costos y la falta de infraestructura operativa adecuada para llevar a cabo las actividades.

Dada esta perspectiva, los programas municipales de recolección selectiva necesitan monitoreo y evaluación constantes para identificar cuellos de botella y minimizar los riesgos de falla. Esencialmente, incluso los municipios pequeños con recursos financieros limitados, no pueden ignorar los impactos ambientales negativos de la generación diaria de desechos sólidos, y ya no tienen un programa de recolección selectiva.

Incluso se puede decir que existe la necesidad de información y difusión de los programas de recolección selectiva implementados en los municipios del país, con respecto a las directrices, principios, instrumentos, prácticas y modalidades de recolección selectiva adoptados.

Según Bringhenti y Günther (2011), quienes refuerzan, entre los argumentos, que la comunidad debe ser sensibilizada, motivada y que los conceptos y prácticas deben asimilarse e incorporarse a la vida cotidiana de la población involucrada, para garantizar su operacionalización, viabilidad y continuidad, factores fundamental para lograr los resultados esperados y garantizar su sostenibilidad.

Los programas para la recogida selectiva de residuos secos en Brasil y en el mundo, en general según ABRELPE (2015b), presentan dos modalidades básicas que son:

- ➢ Puerta a puerta: recolección realizada en días específicos de la semana, con equipo apropiado, recolectando materiales pre-separados en casa. La autoridad pública responsable viaja por las calles de la ciudad, recolectando los desechos sólidos disponibles.
- ➢ Estaciones de entrega voluntaria: consiste en el uso de cubos o contenedores instalados, generalmente en puntos estratégicos donde la población puede tomar materiales previamente segregados.

En Brasil, es posible encontrar una combinación de los dos tipos mencionados, en programas de recolección selectiva desarrollados solo por los propios municipios; programas de recolección selectiva operados por recolectores de materiales reciclables en asociación con los municipios; y / o en programas de recolección selectiva ejecutados informalmente solo por organizaciones de recolectores de materiales reciclables.

La mayoría de las iniciativas de recolección selecti-

41

va desarrolladas en el país se llevan a cabo de manera informal, en la mayoría de los casos se implementan y operan en forma de un programa piloto específico, llevado a cabo por organizaciones no gubernamentales. Las primeras iniciativas de recolección selectiva se implementaron en Brasil en la década de 1980.

En 1989, según Paschoalin Filho (2014), las primeras iniciativas se llevaron a cabo en la ciudad de São Paulo en relación con la promoción de la recolección selectiva de materiales secos, que después de un período de discontinuidad, el proyecto se reanudó en 2002, cuando la gestión municipal en ese momento implementó el programa de recolección selectiva solidaria. Ese mismo año, también se implementaron centros de clasificación, y se hicieron acuerdos y convenios con cooperativas de recolectores de materiales reciclables.

En la década de 2000, surgieron más iniciativas para programas de recolección selectiva en otros municipios del país, sin embargo, Jacobi y Besen (2011) dicen que la ausencia durante más de veinte años de una Política Nacional de Residuos Sólidos y de la voluntad política de los administradores Los municipios generaron una responsabilidad ambiental por los vertederos y los vertederos sanitarios controlados, así como la necesidad de construir nuevos vertederos sanitarios debido al agotamiento de la vida útil de la mayoría de los existentes.

Estos hechos, seguidos por la ineficiencia de las políticas públicas a lo largo de los años, impidieron avances importantes relacionados con la recolección selectiva y una mayor efectividad de las acciones de reciclaje, tratamiento y eliminación final correcta de los residuos sólidos, proporcionando una responsabilidad ambiental considerable para los municipios.

La constitución federal responsabiliza a la autoridad pública municipal de garantizar la limpieza urbana y la correcta recolección y eliminación de los residuos sólidos. Esto lleva al concepto de recolección selectiva.

Aunque en los últimos años la tasa de autorizaciones para instalar programas de recolección selectiva ha aumentado en Brasil, se ha hecho muy poco o incluso se ha discutido en relación con los desechos húmedos presentes en los desechos sólidos recolectados en el país.

2.2 Recogida Selectiva de Residuos Húmedos

Los desechos húmedos no se recolectan por separado en la mayoría de los municipios brasileños, aunque los números muestran que representan la mayor cantidad, en porcentajes representan el 51.4% de los desechos sólidos recolectados en el país [3]. En este campo, el desafío presentado a los municipios del país sigue siendo bastante considerable.

Rodrigues y Santana (2012) en una encuesta realizada en la ciudad de Palmas, en el estado de Tocantins, concluyeron que hay una serie de circunstancias que dificultan la implementación y el mantenimiento de la recolección selectiva, y que deben ser confrontados con los beneficios reales que este sistema puede generar.

Los resultados obtenidos por los investigadores indican que los costos presupuestarios necesarios para la

implementación y el mantenimiento de la recolección selectiva son considerables, además del hecho de que en
muchos municipios no existe una cultura ambiental lo sufi-
cientemente fuerte como para promover la implementación del sistema.

La mayoría de las ciudades utilizan un sistema tra-
dicional de recolección de residuos residenciales, en el
que hay vehículos que se recolectan y almacenan en contenedores abiertos o cerrados sin seleccionar materiales
reciclables.

Con el creciente llamado a la adopción de prácticas
ambientales políticamente correctas, este escenario puede cambiar. Entre las prácticas ambientales, la recolección selectiva es una tendencia creciente.

La recolección selectiva utiliza la recolección de
desechos sólidos seleccionados por categorías, entrega-
dos a puntos de recolección o recolectados por vehículos
públicos, una empresa contratada por el gobierno de la
ciudad o recolectores de materiales reciclables (Figura
2.2).

Figura 2.2 – Proceso de recogida selectiva

Separación de residuos		Puntos de recogida para entrega		Middlemen o raspadores
		Recogida por vehículos públicos		Industrias de reciclaje
		Recogida por recolectores de residuos		Destino final

Fuente: Autoría (2018).

En Brasil, el ayuntamiento es responsable de la política de limpieza urbana y, por lo tanto, directamente de la recolección y el tratamiento de los residuos sólidos. El servicio de recolección selectiva, si se implementa, generalmente lo realizan los propios ayuntamientos, los proveedores de servicios contratados por gerentes y / o asociaciones o cooperativas de recolectores de materiales reciclables.

Cuando la recolección selectiva se lleva a cabo con la participación directa de recolectores de materiales reciclables, en algunos casos la ciudad proporciona los recursos logísticos (cobertizo de clasificación, camiones, equipos y materiales) necesarios para poner en funcionamiento el proceso de recolección, transporte, clasificación y comercialización de materiales reciclables.

Históricamente, en Brasil, la recolección selectiva con la participación de recolectores de material reciclable ha sido etiquetada de varias maneras a lo largo de los años: responsabilidad conjunta, recolección selectiva de basura, recolección selectiva de basura socialmente inclusiva y recolección selectiva de basura sostenible[10].

En varios municipios brasileños, las cooperativas de recolectores de materiales reciclables operan sistemas de recolección selectiva y disposición final de desechos sólidos, que recolectan y llevan a cabo otras operaciones de tratamiento y disposición final adecuada de desechos sólidos.

En la ciudad de São Paulo hay un gran contingente de recicladores organizados. Con la expansión de la recolección selectiva, si se realiza bien, con transparencia y

45

diálogo con los actores involucrados, en el futuro puede representar una oportunidad para reducir los costos de la ciudad con los servicios de gestión de RSU, generar miles de empleos y promover una mayor corresponsabilidad de ciudadanos con limpieza y sostenibilidad urbana [25].

También se debe considerar que, para cumplir con las pautas de PNRS, la industria y el sector comercial deben instituir la recolección selectiva y operar modelos de flujo inverso, o asociarse con otras organizaciones que trabajan en el manejo de residuos sólidos. En este sentido, entre los actores sociales involucrados en la recolección selectiva en Brasil, destaca el trabajo espontáneo realizado por recolectores de material reciclable.

CAPITULO 3

Caracterización de Residuos Sólidos

El fuerte crecimiento de la población y la fuerte industrialización de las sociedades modernas, ha provocado una creciente urbanización de las ciudades y, por lo tanto, un aumento en la generación de residuos sólidos. Los desechos sólidos se conocen comúnmente como "basura", pero el término utilizado en los círculos científicos es Desechos Sólidos Urbanos (RSU).

La palabra residuo deriva del latín "residuu", y significa sustancias sobrantes, más sólido para diferenciarlo de los residuos líquidos y gaseosos.

Para la Comisión de Calidad Ambiental de Texas, MSW incluye lodo de una planta de tratamiento de aguas residuales, estación de tratamiento y suministro de agua, o instalación de control de la contaminación del aire y otros materiales desechados, incluidos sólidos, líquidos, semisólidos, o material gaseoso resultante de la industria, limpieza urbana, actividades comerciales, operaciones mineras y agrícolas y de actividades comunitarias e institucionales [41].

La definición de la Asociación Brasileña de Normas

Técnicas (ABNT) sigue la misma lógica, describiendo los desechos sólidos como:

> "Residuos sólidos y semisólidos resultantes de actividades industriales, domésticas, hospitalarias, comerciales, agrícolas, de servicios y de barrido. Se incluyen en esta definición los lodos de los sistemas de tratamiento de agua, los generados por los equipos e instalaciones de control de la contaminación, así como ciertos líquidos cuyas particularidades hacen que su liberación en el alcantarillado público o en los cuerpos de agua sea inviable o requiera que lo haga. soluciones técnicas y económicamente inviables en vista de la mejor tecnología disponible "(NBR 10.004: 2004).

Debido a que se origina en diferentes fuentes, los desechos sólidos tienen una composición muy variada y su producción también es muy heterogénea, según la fuente que los produce. La producción de residuos sólidos está directamente relacionada con la forma de vida, la cultura, la economía, la alimentación, la higiene y el consumo humano.

En Brasil, según el origen que se generan, los desechos sólidos se clasifican en: hogares, establecimientos comerciales, servicios públicos, industriales, sanitarios y hospitalarios, construcción civil, agrosilvopastoral, servicios de transporte (puertos y terminales de carreteras y ferrocarriles), minería y escombros (Tabla 3.1).

48

Tabla 3.1 – Clasificación de residuos sólidos en cuanto al origen

Origem dos resíduos	Descrição das características
Domiciliares	Gerados nas residências e constituídos por restos de alimentos, materiais potencialmente recicláveis, como metal, plástico, vidro, papéis em geral, além de lixo sanitário e tóxico;
Comerciais	Provenientes das atividades comerciais e de serviços, tais como supermercados, lojas, bares e restaurantes;
Agrossilvopastoris	Resultado das atividades pecuaristas e agrícola;
Serviços Públicos	Resíduos originados dos serviços de varrição de áreas públicas urbana;
Industriais	Este resíduo varia conforme a atividade da indústria, incluindo nesta categoria a grande maioria do lixo considerado tóxico;
Serviços de Saúde	Constituem-se em resíduos sépticos como agulhas, seringas, gazes, órgãos e tecidos removidos, luvas, remédios com validade vencida e materiais de raios-X;
Serviços de Transportes	Constituídos basicamente por materiais de higiene pessoal e restos de alimentos, os quais podem conter germes patogênicos provenientes de outras cidades, estados e países;
Construções Civil	São gerados nas construções, reformas, reparos e demolições de obras de construção civil, incluídos os resultantes da preparação e escavação de terrenos para obras civis;
Mineração	São os gerados na atividade de pesquisa, extração ou beneficiamento de minérios;
Entulhos	Resíduos da construção civil, como materiais de demolição e restos de obras.

Fuente: Adaptado de (BRASIL, 2010).

Algunos desechos sólidos se clasifican como su origen, como peligrosos, ya que presentan riesgos para la salud pública, los animales y el medio ambiente, cuando se manejan de manera inapropiada, porque tienen características tales como inflamabilidad, toxicidad, reactividad, corrosividad y patogenicidad.

El manejo y tratamiento de estos residuos está regulado por una legislación específica, a través de resoluciones del Consejo Nacional del Medio Ambiente, una agencia vinculada al Ministerio del Medio Ambiente. El Consejo está compuesto por representantes de los gobiernos federal, estatal y municipal, representantes de empresas, ONGs y miembros de la sociedad civil organizada.

Los desechos sólidos también se clasifican según sus características físicas como secos o húmedos, según su naturaleza física y, según su composición química, se clasifican como materia orgánica y materia inorgánica.

Sin embargo, la mayoría de las veces los residuos sólidos "secos" (papel, cartón, plástico, PET) se denominan erróneamente como "no orgánicos", a pesar de su composición química que se origina en la materia orgánica.

Los desechos orgánicos se originan a partir de materia animal o vegetal, resultados de establecimientos e industrias ganaderas, agrícolas o alimenticias, que se derivan de restos de comida, hojas, semillas, vegetales, frutas y granos, lodos de plantas de tratamiento de agua y piscinas y cenizas de la incineración de residuos agrosilvopastorales.

Con respecto a los residuos inorgánicos sólidos, resultan de productos industrializados, generalmente fabricados a partir de minerales y / o de la combinación de dos o más elementos químicos.

Se consideran difíciles de descomponer por naturaleza, debido a sus características físico-químicas y la naturaleza del destino para el que se producen, algunos pueden reciclarse y otros no. Los principales residuos inorgánicos se derivan de metales, escombros de demolición y residuos vítreos.

Las propiedades físicas, químicas y biológicas de los desechos sólidos difieren enormemente en muchos casos, dependiendo de factores, como el área de recolección (rural, urbana, industrial o comercial), el período estacional, el ingreso de la población, el país, los lugares de variación y el niveles de reciclaje ya pasados.

Los desechos sólidos generados en los países en desarrollo tienen un mayor contenido de materia orgánica que el generado en los países industrializados. Este hecho crea problemas en algunos países debido a la falta de basureros suficientes y un sistema apropiado para la gestión y gestión de los residuos sólidos municipales [38].

La eliminación final inadecuada de ambos tipos de desechos sólidos puede contaminar el suelo, los cultivos, el agua y el aire, las verduras y los animales, a través de la dispersión del lixiviado producido en el proceso de fermentación y la descomposición de los desechos sólidos, a través de la emisión de olores y productos químicos pesados, como el níquel, el cadmio, el plomo, el zinc y el mercurio, que pueden causar graves daños al sistema nervioso e incluso cáncer.

Una solución de tratamiento para residuos sólidos húmedos es el compostaje, a través de la producción de fertilizantes, biocombustibles y / o biogás; y los desechos secos se pueden reutilizar o reconfigurar en otras actividades productivas, cuando no es posible, el tratamiento se lleva a cabo mediante el reciclaje o la disposición final de los desechos en el vertedero.

Lo ideal sería no generar desechos sólidos, pero es poco probable que las personas dejen de generarlos, debido a las actividades humanas diarias. Por lo tanto, se puede decir que buscar alternativas económicamente viables para minimizar la producción, reutilizar o reciclar estos desechos es esencial.

El buen manejo de los desechos sólidos debe dar prioridad a la no producción, minimización, reutilización y reciclaje de todos los desechos sólidos resultantes de las actividades humanas [14].

El manejo de residuos sólidos es un problema emergente en la sociedad moderna, y en este proceso, actitudes como la reutilización, reconfiguración y reciclaje de residuos sólidos pueden ayudar a reducir parte de este problema.

3.1 Generación de Residuos Sólidos en Brasil

En Brasil, la generación de Residuos Sólidos Urbanos (RSU) en 2016 totalizó 78.3 millones de toneladas, lo que representa una reducción del 2% en la cantidad generada en relación con 2015. En 2015, la generación fue de 78.6 millones de toneladas, según datos de la encuesta anual de la Asociación Brasileña de Empresas de Limpieza Pública y Residuos Especiales (ABRELPE, 2016).

En 2016, cada brasileño produjo la cantidad de 1,040 kg de desechos sólidos por día, lo que representa una reducción del 2.9% en la cantidad generada de 2015 a 2016. La generación total de desechos sólidos, a su vez, se redujo en 2 %, y alcanzó 214.405 toneladas por día de residuos generados en el país [2].

El panorama de ABRELPE mostró que la cantidad de residuos sólidos urbanos recolectados en 2016 cayó en comparación con el año anterior. La región sudeste fue responsable del 52.7% del total y tiene el mayor porcentaje de cobertura de servicios de recolección de residuos sólidos en el país, seguida por la región noreste, con una cobertura del 22%, el sur con el 10.7%, el Centro-Oeste 8.2% y Norte con 6.4%.

Con base en el año anterior, la ejecución directa de dicho servicio aumentó en el sureste y cayó en el noreste, en el primero el índice pasó de 52.6% a 52.7%, mientras que en el segundo el porcentaje bajó de 22.1% a 22 % del total, las otras regiones mantuvieron los porcentajes del año anterior [2].

Según ABRELPE, la comparación entre la cantidad de residuos sólidos generados y la cantidad recolectada en 2016 ascendió a 71.3 millones de toneladas, lo que representa un porcentaje de cobertura de recolección del 91%. Sin embargo, alrededor de 7 millones de toneladas de RSU no se han recolectado en el país y, en consecuencia, han tenido destinos inapropiados.

Los números muestran que hubo una disminución en la cantidad de RSU recolectados en el país. Solo la región sudeste registró un avance en 2016. Incluso con la Política Nacional de Residuos Sólidos - PNRS (Ley n° 12.305 / 2010) en vigor, la cantidad de residuos sólidos recolectados no evolucionó mucho en el período de 2010 a 2014, fase de adaptación de municipios la nueva ley.

Según el PNRS, los municipios tenían hasta el 3 de agosto de 2014 para hacer ajustes con respecto al destino adecuado de los residuos sólidos. Por ley, solo los relaves, cuando no existen procesos técnicos económicamente viables y socialmente correctos, deben desecharse en vertederos, considerados como la forma más adecuada para el medio ambiente de disposición final.

El hecho más preocupante es que, de la cantidad total de desechos sólidos recolectados en 2016, la cantidad destinada a ubicaciones inadecuadas también aumentó, fueron 29.7 millones de toneladas, es decir, 41.6% que fueron a vertederos o vertederos controlados, el que desde el punto de vista sanitario son poco diferentes a los vertederos, ya que no cuentan con el conjunto de sistemas necesarios para la protección del medio ambiente y el deterioro [2].

La práctica de la eliminación final inadecuada de los residuos sólidos todavía se produce en todas las regiones y estados brasileños, hay alrededor de 3,331 municipios que todavía hacen uso de estas instalaciones inadecuadas para la eliminación de sus residuos sólidos. En el país, en el 59.89% de los municipios los residuos sólidos aún no se tratan adecuadamente [2].

El PNRS regulado desde 2010, representa una nueva perspectiva para cambiar este escenario, porque además de regular el manejo adecuado de los residuos sólidos, establece la elaboración de un Plan Municipal para el Manejo Integrado de Residuos Sólidos (PMGIRS), que incluye condicionado a la existencia de los PMGIRS para la transferencia de recursos federales a los municipios para administrar los RSU.

Además, PNRS presagiaba una responsabilidad compartida en el proceso de gestión de residuos sólidos entre los generadores; municipios, DF y territorios federales; fabricantes; comerciantes importadores distribuidores y consumidores.

En el caso específico de los municipios, un número considerable aún no cuenta con los recursos financieros y humanos para gestionar los residuos sólidos, como lo exige la ley. Por lo tanto, la gestión y la gestión adecuada de los residuos sólidos se ve comprometida. Uno de los mayores desafíos de gestión es eliminar adecuadamente los desechos sólidos e implementar la recolección selectiva.

CAPITULO 4

La Cadena de Materiales Reciclable

La cadena de producción reciclable brasileña concentra miles de empresas que se hacen llamar socialmente responsables, en lugar de beneficiarse a menudo de un círculo vicioso de explotación laboral que generalmente realizan los probadores de materiales reciclables.

Los catadores de materiales reciclables son trabajadores que recolectan desechos sólidos reciclables de rutas y empresas, clasifican y venden los materiales reciclados. Estas profesiones son en la mayoría de los dos casos de trabajo, independientemente, informalmente, además de un complot considerado único por cooperativas y asociaciones formales.

Estos trabajadores tienen la disponibilidad y la capacidad de distinguir cómo se deben separar los desechos, con miras a su posterior comercialización. Para algunos, o el trabajo de recolección es la única fuente de ingresos familiares, en todos los países hay alrededor de 800,000, según el Movimiento Nacional de dos Catadores de Materiales Reciclados [39].

Los recicladores no son "empleados", porque si están en asociaciones o cooperativas, son socios y no tienen empleo. Por otro lado, en la opinión popular, se consideran "desempleados" y deben incluirse en el mercado. Así es como son vistos en la construcción de políticas públicas por muchos gerentes públicos [6].

Además de este estigma social, el hecho de que los recolectores de materiales reciclables fueran y sigan siendo vistos por la sociedad como "delincuentes" y / o "mendigos" que "ensucian" los centros urbanos. Dicha percepción generó y aún genera "políticas higienistas" por parte de las autoridades públicas en la mayoría de las ciudades brasileñas [34].

Esta situación se asocia con baja educación, condiciones poco saludables en las que opera una gran parte de estos trabajadores, con exposición a riesgos físicos, químicos, biológicos, mecánicos y ergonómicos, que se traducen en peligro, dejándolos vulnerables y susceptibles a enfermedades infecciosas y lesiones corporales en el trabajo diario

Al mismo tiempo, las personas que trabajan con desechos sólidos, específicamente los recicladores, deben lidiar con condiciones extremadamente desfavorables y precarias en términos de garantías legales (trabajo y / o asistencia). Aun así, son "trabajadores subcontratados" en la industria del reciclaje [6].

Si bien muchos recolectores de materiales reciclables llevan a cabo la recolección selectiva de desechos sólidos en el país, que es responsabilidad de los municipios, la industria y el comercio, no reciben nada del sector público y privado por los servicios prestados, tanto en educación ambiental como en la recolección. Selección de residuos sólidos realizados y devueltos al sector de re-manufactura y reciclaje.

El PNRS establece la inclusión socioeconómica de los recolectores de materiales reciclables en el proceso de Logística inversa de empresas y municipios, a través de la contratación de cooperativas o asociaciones, para recolectar, transportar, beneficiar, empacar o tratar, dese-chos sólidos reciclables.

Los municipios, el Distrito Federal y los territorios ti-enen el papel de formular políticas públicas para la inclu-sión efectiva de estos trabajadores, con la promoción de acciones de apoyo a la infraestructura técnica, financiera, física y administrativa. La ley también prevé el apoyo a la constitución de cooperativas y asociaciones, además de la formalización de grupos de recolectores de materiales reciclables ya existentes en el municipio.

Trabajando sin las condiciones de infraestructura adecuada, donde incluso existe una falta de espacio para almacenar los materiales recolectados, para los recolecto-res de materiales reciclables autónomos, la única opción que queda es vender por separado a pequeños comerci-antes de chatarra e intermediarios, sin condiciones de ne-gociación, recibiendo la porción más pequeña de lo que se genera a partir del valor en la cadena de reciclaje, a pesar de contribuir a la mayor parte de lo que se recolecta y recicla en el país.

A diferencia de las cooperativas y asociaciones de recolectores de materiales reciclables que operan indivi-dualmente o en redes y pueden negociar mejores precios, es una iniciativa muy ventajosa para todos los miembros de las organizaciones de recicladores.

La gestión de los residuos sólidos de un conglomerado de organización de recolectores de materiales reciclables que trabajan en redes de cooperativas o asociaciones, tiene el potencial de promover un suministro rentable para todos los trabajadores involucrados.

Las cooperativas y asociaciones de recolectores de materiales reciclables son organizaciones sin fines de lucro, formadas a través de la solidaridad económica y la autoorganización, con un objetivo común, con el objetivo de proporcionar un servicio público a la sociedad. Los que trabajan con residuos sólidos actúan en la ejecución de la recogida selectiva municipal de materiales reciclables.

A pesar del progreso significativo realizado en las últimas dos décadas en la participación de recolectores de materiales reciclables en la recolección selectiva en Brasil, los desafíos aún permanecen en términos de consolidar el proceso como un modelo sostenible para la gestión de residuos sólidos. Todavía existe cierta desconfianza de los municipios con respecto a la competencia operativa de las organizaciones administradas por recolectores de materiales reciclables.

Para cambiar esta percepción, se publicó la Ley n° 11.445 en 2007, que altera la Política Nacional de Saneamiento, permitiendo a las administraciones públicas contratar, sin un proceso de licitación, organizaciones que recolectan materiales reciclables para proporcionar servicios de recolección. selectivo

Paralelamente, el Ministerio de Desarrollo Social inició acciones para apoyar a los recolectores de materiales reciclables, con el objetivo de la inclusión social y productiva de estos profesionales.

Otro avance como política para la inclusión de recolectores de materiales reciclables a nivel federal fue la aprobación en 2010 de la Política Nacional sobre Residuos Sólidos (Ley n° 12.305), que prevé la inclusión de trabajadores en los programas de recolección selectiva municipales y empresariales.

La ley también innova al reconocer a los grupos de recolectores de materiales reciclables como actores clave en la cadena de reciclaje. Con estas leyes, el trabajo realizado por los recolectores de materiales reciclables obtuvo el reconocimiento del gobierno federal.

Cabe señalar que, a pesar de la expansión de los programas municipales para apoyar a las cooperativas y asociaciones de recolectores de materiales reciclables, la mayoría de ellos aún necesitan la infraestructura básica para recolectar y comercializar directamente con la industria del reciclaje. La comercialización cuando se realiza a intermediarios compromete sus ganancias.

La situación ideal para maximizar los ingresos de los recolectores de materiales reciclables sería permitirles a ellos y a sus organizaciones vender los desechos sólidos recolectados directamente con las empresas de reciclaje, es decir, sin la intermediación de los comerciantes de chatarra e intermediarios.

La industria brasileña de reciclaje es de difícil acceso para los pequeños comerciantes, entre ellos, las cooperativas de recolectores de materiales reciclables individualmente, entre las razones se encuentra la pequeña escala de producción, por lo que, en la mayoría de los casos, negociar, negociar en junto con otras cooperativas, combinando la producción de varias cooperativas para negociar mejores precios.

4.1 Reciclaje

El reciclaje es una de las alternativas de tratamiento más ventajosas para los desechos sólidos, tanto desde el punto de vista ambiental como social. Desde una perspectiva ambiental, además de reducir el volumen de residuos sólidos dispuestos en vertederos, cuando existe un sistema de recolección selectiva bien estructurado, el reciclaje es una actividad económica rentable. En el campo social, puede generar empleos e ingresos para aquellos involucrados en la cadena de materiales reciclables.

Lo que es seguro es que no se puede usar como una excusa, el hecho de que muchos productos son reciclables para tener un estilo de vida consumista, ya que el reciclaje no es suficiente, técnicamente, en las repeticiones del proceso, el material perderá calidad y puede volver a desperdiciarse.

Lo ideal es crear proyectos armónicos y más completos, con materiales biodegradables, el desarrollo de productos (re) utilizables y económicos, utilizando el mínimo de materia prima, y seguros para la naturaleza y los seres humanos.

Las iniciativas a este respecto que han implementado las empresas incluyen la creación de envases y productos más sostenibles, la reorganización de partes de la cadena de suministro para reducir los desechos, mejores formas de eliminar los desechos no reciclables; e incineración para recuperar energía de los residuos sin la posibilidad de tratamiento o reciclaje.

En algunos casos, para implementar estas acciones, es necesario instalar nuevos equipos o reconfigurar los procesos de flujo inverso involucrados en las operaciones. El reciclaje es un proceso industrial, con una completa caracterización del material reciclado, con cambios en sus propiedades físicas, físico-químicas y biológicas.

Técnicamente, solo el vidrio tiene un proceso de reciclaje completo, ya que no pierde propiedades químicas y da como resultado el mismo producto, sin la necesidad de materias primas vírgenes adicionales. En otras palabras, reciclar un kilogramo de materiales vítreos tiene un resultado del producto del 100% de la cantidad original derivada.

A diferencia de otros materiales que también se consideran reciclables, que reciben un complemento de materia prima de constitución original en el proceso de reciclaje, para reconstituir las mismas características del producto original del material reciclado.

El resultado de reciclar algunos materiales es solo un compuesto secundario de materia prima, que teniendo en cuenta las condiciones técnicas específicas para producir el material original, requiere más materia prima virgen cruda, o de lo contrario, tiene la posibilidad de ser utilizado en producción de un nuevo producto con características diferentes al original.

También existe la reutilización o reconfiguración de materiales reciclables, pero sin involucrar procesos industriales. Una situación muy común, observada en el entorno académico y social, es la comprensión general de las actividades para la reutilización y reconfiguración de materiales reciclables como un proceso de reciclaje.

En la reutilización o reconfiguración, la transformación biológica, física o físico-química no tiene lugar, ya que el reciclaje implica la transformación del material con una caracterización errónea y un cambio de forma del estado físico, con el objetivo de la transformación en materias primas o nuevos productos.

Para Santos (2012) "el reciclaje es una actividad importante para minimizar la generación de residuos sólidos, ya que está configurado como una forma de reutilizar lo que se consideraría" basura", que puede utilizarse como fuente de materia prima para un nuevo producto, cómo reutilizarlo para otros fines".

La adopción de un proceso de reciclaje eficiente puede proporcionar beneficios financieros, ambientales y sociales, contribuyendo [...] como un generador potencial de negocios, trabajo e ingresos para una parte de la población que tiene dificultades para ingresar al mercado laboral [28].

Estudios recientes, según Yoshida (2012), muestran que desperdiciamos R$ 8 mil millones anualmente por no manejar adecuadamente nuestros desechos sólidos. Es una cantidad expresiva que Brasil literalmente no puede tirar a la basura. Hay un gran potencial económico para el reciclaje en el país.

Además del reciclaje, la cadena tiene otras actividades viables para la recuperación de materiales reciclables de productos electrónicos, envases en general, metales, residuos húmedos, vidriosos, plástico PET, aluminio y plásticos; Son procesos más simples, ampliamente utilizados en la vida cotidiana de las empresas y en los hogares, como la reutilización y la reconfiguración.

4.2 Reutilización

La reutilización es un proceso de reutilización de envases, materiales o productos para el mismo u otro propósito. No hay cambios en las propiedades físicas, fisicoquímicas y biológicas. En este proceso, los costos y procedimientos necesarios son casi nulos, ya que no existe una configuración industrial incorrecta del material.

Las actividades utilizadas durante mucho tiempo por la industria y las personas en su vida diaria implican esta práctica. En el entorno doméstico, las actitudes comunes son cómo reutilizar el contenedor de extracto de tomate para almacenar dulces; compre un producto nuevo o repare un producto que todavía está en uso, pero que ha sido descartado por otra persona.

En la industria, hay algunos casos ya considerados como el de la industria de bebidas, con botellas retornables de cerveza y refrescos, además de las cajas utilizadas para almacenar y transportar estos productos. La industria del gas licuado de petróleo (GLP) también reutiliza los cilindros para reponer el gas de hidrocarburos.

En general, cuando se reutiliza el producto, puede sufrir reparaciones menores, pero su uso final sigue siendo el mismo, ya que se usa en otra actividad, pero no sufre cambios físicos. Por ejemplo, una botella de PET posconsumo puede reutilizarse para poner agua en el refrigerador, el final no ha cambiado, porque específicamente es un empaque, sirve para almacenar, cuando el propósito cambia se llama reconfiguración.

4.3 Reconfiguración

En el proceso de reconfiguración de productos, materiales o envases, los aspectos físicos cambian, además del propósito. Un ejemplo típico es la decoración de una caja de zapatos para almacenar libros, fotos, tijeras u otros utensilios. En el proceso, se produjeron pequeños cambios, ya que la caja se cortó y se adornó con otros adornos. El propósito general del empaque no ha cambiado, pero no ha sido reciclado, solo reconfigurado totalmente para otro uso.

La reconfiguración en la industria es más común, dependiendo del sector, los procesos que generan sobras cuando no necesita una nueva configuración o estandarización específica, se reincorporan en las etapas posteriores de producción del mismo producto y / u otro secundario. Los subproductos residuales, cuando no se reconfiguran en la propia industria, pueden adquirirlos y reconfigurarlos para otros fines.

Una de las formas diseñadas por el legislador nacional para promover e incrementar el reciclaje, la recuperación y el tratamiento de residuos sólidos. Según Silva et al. (2014) es la implementación de acciones, procedimientos y medios diseñados para permitir la recolección y devolución de residuos sólidos al sector empresarial, para su reconfiguración en su ciclo o en otros ciclos productivos, o para que se envíen a un destino final correcto.

La eliminación correcta de los residuos sólidos urbanos puede incluir alternativas como el reciclaje, la reutilización o la reconfiguración. Por lo general, la actividad más utilizada por la población para tratar desechos sólidos, productos industriales y envases es la reconfiguración, debido a su facilidad práctica.

Para la industria y otros propietarios responsables del destino adecuado de los envases, productos y desechos sólidos, existen otros procesos alternativos para el tratamiento adecuado definitivo.

4.4 Tratamientos Alternativos

En cuanto al tratamiento, los residuos secos y húmedos pueden dirigirse a diferentes destinos finales. Depende de la industria responsable y / o del comité de gestión pública definir la forma más interesante de eliminación de sus desechos. A nivel municipal, es importante observar los aspectos socioambientales, culturales y económicos, antes de definir el destino más apropiado.

El destino más utilizado por la industria es el reciclaje, pero hay incineración con recuperación de energía (tratamiento térmico), que es aceptado por el PNRS, compostaje, producción de biofertilizante, biogás (generado en vertederos y biodigestores en la cría de cerdos) y incineración (sin recuperación de energía) para residuos sólidos considerados especiales y / o difíciles de tratar.

El compostaje es una alternativa de destino más económica para los municipios, ya que no requiere instalaciones sofisticadas y porque no tiene procesos de ejecución complejos. Los productos derivados del compostaje son: humus (compuesto orgánico) y biofertilizante.

El tratamiento de los residuos sólidos húmedos clasificados también puede permitir un uso de energía, a través de la captura de biogás, resultante de la descomposición anaeróbica de los residuos sólidos, por la acción de los microorganismos. La transformación de residuos sólidos húmedos en biogás puede ser una forma atractiva de generar combustible en áreas rurales y municipios pequeños.

El destino correcto de los residuos sólidos debe seguir estas alternativas. Para residuos sólidos, productos y envases sin posibilidades de tratamiento, y / o relaves de proyectos de reciclaje, el relleno sanitario o industrial es el destino final indicado para el tratamiento.

4.5 Destino Final de Relaves

El PNRS considera que los rellenos sanitarios y los rellenos industriales son la forma de eliminación final más apropiada para el medio ambiente, sin embargo, solo los relaves deben eliminarse en estas instalaciones, después de que se hayan agotado todas las posibilidades de tratamiento. Los residuos reciclables húmedos y secos se pueden tratar o reciclar.

Sin embargo, los aspectos técnicos y financieros de la construcción y el mantenimiento de vertederos y vertederos industriales no pueden dejarse de lado. Estas son obras que demandan altas inversiones y tienen costos operativos robustos.

El costo estimado para la implantación de la infraestructura con el fin de hacer universales los servicios de tratamiento y el destino ambientalmente adecuado de los desechos sólidos, según lo determinado por las pautas del PNRS, sería necesario R$ 10.30 mil millones en inversiones [3].

La infraestructura preparada, por otro lado, requeriría una cantidad de R$ 11,49 mil millones por año para operar el sistema para cumplir con los objetivos establecidos para 2023. El valor es considerable, más está por debajo del promedio mundial de inversiones en infraestructura y saneamiento [3].

La inversión es muy importante, ya que la generación global de residuos sólidos urbanos y el consumo de recursos naturales ya están por encima de la capacidad de soporte del planeta, además, cada vez es más difícil llevar a cabo el tratamiento y encontrar nuevos lugares para la instalación de nuevos vertederos cerca de zonas urbanas.

A pesar del progreso en las técnicas de tratamiento logradas en los últimos años, el volumen total de desechos sólidos continúa creciendo y la cantidad absoluta enviada a los vertederos continúa aumentando. Con una composición variada de sustancias, los RSU representan un riesgo inminente para la salud humana y los ecosistemas del planeta.

CAPITULO 5

Eventos Sociales y Ambientales

Los eventos socioambientales celebrados en Brasil son bastante variados, pero la mayoría son puntuales. Se caracterizan como Educación Ambiental, sin embargo, como se ve en el Capítulo 1, EA tiene una filosofía más integral, no solo está relacionada con temas ambientales específicos, conceptos conservacionistas y fechas conmemorativas, sino que involucra todas las acciones desarrolladas por el ser humano.

Desde esta perspectiva, las empresas, las instituciones educativas y otros actores sociales deben repensar sus acciones, crear o cambiar estrategias para no promover eventos socioambientales específicos como un sesgo concreto en la Educación Ambiental.

Por otro lado, las iniciativas deben ser suficientes para sensibilizar a la sociedad sobre sus hábitos de producción y consumo, sus relaciones culturales y su convivencia con la naturaleza.

Los medios más utilizados para sensibilizar a la población son las conferencias en las escuelas; talleres sobre cómo reutilizar y reutilizar materiales reciclables en el hogar; presentación de soluciones y hábitos sostenibles en programas de televisión; campañas para recolectar desechos sólidos en playas y parques; plantar plántulas de árboles en plazas públicas y parques.

Las acciones de sensibilización más desarrolladas, como la Educación Ambiental en el país, buscan colocar contenedores para separar los desechos sólidos por tipos y, posteriormente, realizar una recolección selectiva; la celebración de la semana del medio ambiente; celebración del día del árbol, en escuelas y departamentos municipales del medio ambiente; creación de proyectos de reforestación; y la promoción de talleres para la reutilización y reconfiguración de materiales reciclables.

5.1 Separación de Residuos Sólidos

La separación de los residuos sólidos para la recolección selectiva de materiales reciclables permite su reutilización, reconfiguración, tratamiento o reciclaje y disposición final. Es un proceso de responsabilidad social, que la población, las industrias y otras organizaciones de la sociedad deben practicar, ya sea debido a requisitos legales o responsabilidad social.

En general, está claro que los brasileños ya han incorporado una serie de buenos hábitos en su vida diaria, capaces de contribuir al uso y la explotación adecuados de los recursos naturales y la conservación del medio ambiente en el que viven. Cada vez más, lo que se percibe es que las personas están incorporando los conceptos de gestión ambiental.

Se considera positivo aumentar la conciencia de la población, hasta el punto de que pueda hacer viable la cadena de reciclaje en el país. El tratamiento adecuado, el reciclaje o la disposición final depende de la separación de los desechos sólidos en la fuente generadora, para la recolección selectiva.

Dada esta perspectiva, se puede decir que las campañas de no generación, reducción, reutilización y / o separación para la recolección selectiva, se han convertido en una necesidad y están cada vez más presentes en la vida cotidiana de la población.

Sin embargo, cuando se trata de la separación de los desechos sólidos para la recolección selectiva, se cometen una serie de errores, comenzando con los contenedores indicados para colocar los desechos, que en la mayoría de los casos son cinco tipos, donde se colocan los desechos sólidos. Por otro lado, esta práctica no es económicamente viable, ya que aumenta los costos de recolección, la mano de obra y el tiempo de ejecución.

Lo ideal es trabajar con solo tres recipientes para separar y recolectar desechos, por ejemplo, un recipiente para desechos sólidos secos reciclables, uno para desechos sólidos húmedos reciclables y otro para depositar desechos (desechos no reciclables). Incluso la nomenclatura que estableció los colores ya no cumple con todos los tipos de residuos, como el poliestireno, silicona, materiales textiles y sintéticos, y no tiene contenedores adecuados para ellos.

Estos materiales se producen a gran escala, para una cadena de producción muy extensa, que genera residuos que aún no tienen una opción de eliminación. En cualquier caso, la separación debe hacerse considerando solo tres categorías de residuos sólidos: residuos secos reciclables, residuos húmedos reciclables y residuos no reciclables. Este modelo de separación aporta más factibilidad técnica y económica para la recolección selectiva.

A medida que la cantidad de desechos sólidos generados por las personas aumenta cada día, es necesario que más que la información y los conceptos, las acciones públicas relacionadas con la separación de desechos brinden conciencia e interés en la causa, para que las personas tomen conciencia de su papel. de ciudadanos. Aunque el tema es complejo, es esencial sensibilizar a los ciudadanos para que preserven el medio ambiente.

5.2 Semana del Medio Ambiente

La Semana Nacional del Medio Ambiente se celebra del 1 al 5 de junio, cuando se celebra el Día Mundial del Medio Ambiente. La fecha fue recomendada por la Conferencia de las Naciones Unidas sobre el Medio Ambiente (CNUMAD), celebrada en 1972 en Estocolmo, Suecia. En Brasil, la fecha se adoptó el 27 de mayo de 1981, mediante el Decreto n° 86.028 / 81, que instituyó la semana del medio ambiente en el país para sensibilizar a la población.

El objetivo del gobierno brasileño era complementar la celebración del Día Mundial del Medio Ambiente, instituido por las Organizaciones de las Naciones Unidas (ONU), además de incluir a la sociedad en la discusión de las directrices que se ocupan de la preservación y conservación del patrimonio natural del país, e incluso una medida referencial para evitar la degradación del medio ambiente.

Es una iniciativa que tiene como objetivo despertar a la población del país, una percepción consciente sobre el medio ambiente y sus impactos negativos en los ecosistemas. En este caso, existe una propuesta especialmente para que los ciudadanos se conviertan en agentes sostenibles y tengan actitudes ambientales responsables en sus comunidades.

En este sentido, se desarrollan muchos eventos socioambientales, con el fin de sensibilizar a los ciudadanos, sensibilizarlos e informarles sobre la importancia del uso racional de los recursos naturales, así como su importancia para el bienestar social y la calidad de vida.

Los eventos socioambientales más desarrollados en el país abordan el consumo consciente y la reducción de desechos, a través de campañas educativas y conferencias, distribución de folletos, recolección de desechos sólidos en playas y parques, distribución de plántulas y plantación de árboles.

5.3 Día del árbol

El día del árbol se celebra en Brasil el 21 de septiembre y su objetivo principal es sensibilizar a los ciudadanos sobre este importante recurso natural. La fecha elegida coincide con el comienzo de la primavera, que comienza el 23 de septiembre en el hemisferio sur, y la fecha se celebra en un mes diferente en otras partes del mundo.

El día del árbol se ha celebrado en muchos lugares del mundo desde finales del siglo XIX. El evento fue creado para sensibilizar a la población sobre la importancia de los árboles en el equilibrio de los ecosistemas, para defender los bosques, para preservar la biodiversidad, los animales y los hongos; y evitar la extinción de especies arbóreas.

Esta fecha se celebra en todo el mundo, pero muchas naciones adaptaron el día de las características físicas y climáticas de sus países. En los Estados Unidos, por ejemplo, el día del árbol se celebra en el mes de abril, un período que coincide con la llegada de la primavera al hemisferio norte. En Polonia, se celebra el 10 de octubre. En Alemania, el día del árbol se celebra el 25 de abril.

En varios municipios de Brasil, el día del árbol se celebra particularmente en las escuelas y departamentos del medio ambiente, con acciones pedagógicas educativas. Entre ellos se encuentran la realización de conferencias y concursos sobre el tema, concursos de dibujo, recorridos ecológicos, distribución y plantación de árboles, con el objetivo de fomentar la plantación en jardines, patios, parques y áreas deforestadas.

El árbol es uno de los activos más importantes de la naturaleza en la generación de riqueza, debido a su relevancia para la construcción de casas, producción de muebles, botes, cajas para el transporte y embalaje de bienes, producción de energía, producción de papel y embalaje de cartón, forestación de ciudades y alimentación de animales y seres humanos.

Entre las diversas especies de árboles en los biomas, hay varias frutas y agrosilvicultura con explotación para las más variadas aplicaciones económicas, como caucho, eucalipto, pino, mango, limón, guayaba, aguacate, durazno y naranja.

Los árboles son una fuente primaria de materia prima y secundaria para las áreas más diversas de la economía de todo el planeta. Todas las especies existentes son fundamentales para la vida en la tierra, especialmente las frutas y los árboles, que contribuyen al aumento de la humedad del aire, a través de la evapotranspiración; previenen la erosión, producen oxígeno en el proceso de fotosíntesis, reducen la temperatura en las zonas urbanas, actúan regulando la humedad de la atmósfera, la temperatura y las precipitaciones, y proporcionan sombra y refugio para algunas especies animales.

Un solo árbol puede albergar un ecosistema complejo con pequeños seres que habitan el agua acumulada en las hojas o el tronco; las aves que hacen sus nidos en las ramas para reproducirse, hormigas, una comida de abejas, pequeños reptiles, moscas, gato-maracajá, murciélagos, avispas, titíes, anfibios arácnidos, musgos, entre otros.

El árbol es un símbolo de la fecha más importante de la celebración mundial, la navidad. Para muchas culturas, el árbol es un símbolo de vida y conocimiento; significa la gran madre, que representa el engaño y la tentación, la ascensión vertical, siempre elevándose hacia el cielo, una evolución perpetua.

Por otro lado, esto no implica preservación, dado el amplio rango de aplicación económica del árbol, bosques enteros ya han sido talados en todas las regiones del planeta.

5.4 Reforestación

El término reforestación se refiere a la implantación de flora en un lugar donde había una anteriormente, y ya no existe debido a la degradación, que puede haber ocurrido debido a factores naturales o por la acción de los humanos, como la deforestación. Cabe señalar que la reforestación está relacionada con la idea de replantar, asumiendo que había una vegetación previa, y no simplemente con la idea de plantar en un lugar donde antes no había nada [17].

La reforestación consiste en reemplazar parte de la vegetación original de lugares previamente deforestados. La actividad de reforestación puede aportar una serie de beneficios positivos para el ecosistema a recuperar, a saber: presión reducida sobre los bosques nativos; protección de la superficie del suelo, reduciendo los riesgos de erosión; protección de las cuencas hidrográficas donde se ubica la actividad, a través de la recuperación del bosque ribereño; aumento de la biodiversidad; Mayor retención de dióxido de carbono y producción de oxígeno.

La plantación de plántulas para reforestar áreas deforestadas debe hacerse respetando las especies nativas de la región, ya que el ecosistema local necesita ser preservado para que se produzca la regeneración. No se recomienda volver a plantar con especies no locales, ya que además de caracterizar mal la flora original, dificulta el clímax e interrumpe el ecosistema, poniendo en riesgo la sucesiva fauna y flora.

Como se mencionó, el uso de especies exóticas en proyectos de reforestación no está permitido. A veces esto no se respeta, pero el primer paso es establecer un inventario de especies en la región, antes de comenzar realmente la recuperación. La mayoría de los ecosistemas contaminados o dañados por los humanos pueden recuperarse.

Los bosques son los ecosistemas más afectados por las actividades humanas. En contraste, las altas tasas de deforestación e irregularidades en las condiciones climáticas, presionan el aumento en las áreas naturales impactadas. Al mismo tiempo, la tala incontrolada es una de las causas de la devastación y el desequilibrio causado por la acción humana en el medio ambiente.

Brasil tiene una de las coberturas forestales más grandes del mundo, en números absolutos, siendo el segundo país, solo por detrás de Rusia. La mayor parte de las reservas forestales no explotadas del planeta se encuentra en países emergentes.

En Brasil, desafortunadamente, el área cubierta de vegetación se ha reducido drásticamente en los últimos años, debido a la expansión de las fronteras agrícolas, los pastos para la cría de ganado, la tala ilegal y la ocupación humana desordenada.

Por otro lado, Brasil se encuentra entre los 10 países que tienen las áreas de bosques más replantadas en el mundo. Es cierto informar que gran parte de las iniciativas se producen debido a la legislación nacional que responsabiliza a las empresas, los silvicultores, los productores agrícolas y los agricultores, con medidas prácticas e incluso punitivas, de recuperar áreas forestales degradadas.

En el país, varios sectores han invertido en acciones de reforestación, pero una gran parte se lleva a cabo con el objetivo de la explotación económica del árbol, para su uso en la construcción civil, fabricación de muebles, extracción de madera, hojas con propiedades medicinales, raíces para la producción de carbón, troncos para leña, extracción de látex para la producción de caucho y celulosa para la fabricación de papeles.

Algunas empresas llevan a cabo la reforestación por su cuenta, sin que la ley lo exija, muchas de ellas extranjeras. El Programa Nacional Forestal (PNF) fue creado por el gobierno federal para alentar la reforestación en el país, en 2000, mediante el Decreto n° 3.420.

Otros objetivos del Decreto n° 3.420 / 2000 son: alentar el uso sostenible de los bosques nativos y plantados; fomentar actividades de reforestación; suprimir la deforestación ilegal y la extracción depredadora de productos y subproductos forestales; contener incendios accidentales y prevenir incendios; y alentar la protección de la biodiversidad y los ecosistemas forestales.

Brasil tiene actualmente alrededor de 6 millones de hectáreas de área reforestada con eucalipto, destinada a la producción de carbón vegetal para la industria del acero y las aleaciones ferrosas, para la producción de celulosa, papel, paneles de madera y otros subproductos, como tela sintética, medicinas, productos de limpieza, alimentos, perfumes y medicinas [8].

Una amenaza emergente de los bosques, las reservas forestales, las áreas de preservación permanente y los parques, son los desechos sólidos dispuestos de manera inapropiada en estas áreas. Cuando los desechos sólidos se eliminan de manera irregular, afectan directamente la vida de toda la población, causan erosión, sedimentación de ríos, representan un riesgo para los animales, causan contaminación del aire, del suelo y del agua, desertificación y pérdida de biodiversidad.

Por otro lado, cuando los desechos sólidos se eliminan correctamente, es posible hacer la reutilización, reconfiguración, tratamiento, reciclaje o disposición final adecuada. Los desechos sólidos reciclables impulsan muchas empresas sociales.

Las acciones socioeconómicas sostenibles ocupan cada vez más el centro de la agenda de la administración pública y las empresas sociales. La intención de las empresas sociales basadas en residuos sólidos reciclables es buscar formas de reutilizar materiales reciclables, agregar valor y preservar el medio ambiente.

5.5 Medios de Reutilización de Materiales Reciclables

Las empresas sociales que trabajan con residuos sólidos reciclables, además de fomentar la creación colectiva de iniciativas socioambientales, impulsan otras empresas para que también generen impacto social.

Los emprendedores sociales reutilizan materiales reciclables para la producción de juguetes; artesanías de tela, papel, vidrio, madera y plástico; muebles de madera, metales, neumáticos y botellas de PET; y muebles utilizados para decorar jardines y / o producir otros muebles.

Además de impulsar otras empresas para que también generen impacto social, se crean condiciones para generar beneficios innovadores, rentables y sostenibles, así como cambios en las empresas e impactos positivos en la sociedad. El PNRS decide cuánta prioridad, no generación, reducción y reutilización, estando este último alineado con el desarrollo económico y social.

El PNRS define la reutilización de los residuos sólidos reciclables como un "proceso para utilizar los residuos sólidos sin transformación biológica, física o físico-química. Cuando se lleva a cabo dicha actividad, se deben observar las condiciones y estándares establecidos por los organismos competentes del Sistema Nacional del Medio Ambiente (SISNAMA)".

Los desechos sólidos son materia prima para algunas empresas sociales que trabajan con la reutilización y la reconfiguración. Sin lugar a dudas, dadas las tendencias actuales, estas empresas pueden generar cambios en las actitudes y minimizar los impactos ambientales, sociales y económicos de los RSU. Además, permite el desarrollo de tecnología innovadora y de bajo costo para uso doméstico en la reutilización de residuos sólidos.

Los negocios sociales que operan con residuos sólidos, reutilizándolos en la producción de accesorios hechos a mano y otros productos, contribuyen a una sociedad mejor y más responsable. Debido a su relevancia, es necesario alentar y apoyar estos negocios, alentar el destino adecuado de los desechos sólidos y promover la conciencia entre la población sobre la preservación del medio ambiente.

La preocupación por los problemas ambientales está ganando cada vez más fuerza en los debates académicos y sociales y en la agenda de políticas públicas. El uso de prácticas sostenibles por parte de la población y las empresas aumenta día a día. Por lo tanto, el administrador público también debe poner en práctica medidas sostenibles de gestión ambiental.

CAPITULO 6

Gestión Ambiental

Los términos administración y administración se entienden comúnmente como sinónimos, pero tienen diferentes significados. Gestión significa el establecimiento de políticas, estándares, leyes y procedimientos relacionados. La gestión es el proceso de implementación de políticas y estrategias para el desarrollo y la ejecución de acciones definidas por las políticas de gestión [31].

La gestión es conceptualizada por Dias Neto (2009) como los procesos para definir la estructura física y administrativa para realizar la gestión; instrumentos políticos, regulatorios y económicos; objetivos, principios rectores, criterios e indicadores; intervenciones; técnicas y tecnologías, acciones, programas, objetivos, plazos, asignación de recursos, etc.

El término gestión se aplica a varias áreas del conocimiento científico, entre ellas, podemos mencionar gestión administrativa pública, gestión financiera, gestión contable, gestión cultural, gestión de marketing, gestión agrícola, gestión de personas, gestión logística, gestión de materiales, gestión estrategia, gestión deportiva, gestión escolar, gestión hospitalaria y gestión medioambiental.

La gestión ambiental es de suma importancia para la administración pública, ya que es un instrumento que se orienta en la mejora de la calidad de vida, la conciencia de la población y la preservación del medio ambiente.

La gestión ambiental se entiende como un proceso participativo, integrado y continuo, cuyo objetivo es promover la compatibilidad de las actividades humanas con la calidad y la preservación del patrimonio ambiental. Para que esto suceda, se debe mejorar la política ambiental, creando instrumentos y herramientas para la práctica adecuada de la gestión ambiental. Su aplicación puede ocurrir en la vida cotidiana de las personas, en corporaciones, en organizaciones gubernamentales y no gubernamentales [36].

La gestión ambiental busca conciliar el desarrollo económico con la preservación del medio ambiente mediante la adaptación a las necesidades de la sociedad (civil y / o gubernamentales) a la capacidad de carga del medio ambiente. En este proceso, las actividades de producción agrícola e industrial se gestionan con el objetivo de sesgo uso consciente de los recursos naturales.

Pero, para ello, es necesario organizar las actividades humanas con el fin de causar el menor impacto negativo posible al medio ambiente natural. En el contexto del gobierno, la gestión ambiental pública se define como la acción del poder público hacia adelante a los problemas ambientales, que se rige por una política pública ambiental.

Barbieri (2007) define la política pública ambiental como "el conjunto de objetivos, directrices e instrumentos de acción que el gobierno tiene que producir los efectos deseados sobre el medio ambiente", es decir, aquellos efectos: reducción o eliminación de los daños y problemas ambientales existentes y evitar la aparición de nuevos.

Para Nascimento (2012), la gestión pública del medio ambiente juega un papel clave en la reducción del daño ambiental causado por los residuos y de crecimiento descontrolado, ya que el gobierno tiene la prerrogativa de castigar, corregir y fomentar las medidas justas para el medio ambiente a través de políticas públicas.

Dicha gestión de políticas públicas puede, por ejemplo, fomentar el mejor uso de materias primas y residuos sólidos dispuestos, fomentar el reciclaje y la reducción de residuos, subvencionar proyectos ecológicos correctos, campañas de concienciación de la población y crear alternativas para la creación de políticas una gestión eficaz de los recursos naturales y los residuos sólidos.

6.1 Gestión de Residuos Sólidos

El escenario nacional para la gestión de residuos sólidos se caracteriza por ser un gran desafío para las autoridades públicas. La generación de residuos sólidos solo aumenta, desencadenada por un patrón de producción y consumo en masa, que además del manejo inadecuado ha causado efectos nocivos para el medio ambiente, irreversiblemente en ciertos casos, además de representar un riesgo considerable desde el punto de vista sanitario, ambiental, desperdicio de materia prima y energía.

La ausencia de lugares adecuados para la disposición final, además de técnicas de tratamiento cada vez más costosas, ha motivado a varias ciudades a implementar una política de gestión integrada que tenga en cuenta todo lo siguiente, entre otras medidas, la reducción en la fuente, la reutilización reciclaje, compostaje y disposición final en vertederos [24].

Sin embargo, es necesario que los municipios interrumpan el ciclo histórico de baja inversión nacional en infraestructura, con respecto al saneamiento, y hagan esfuerzos para promover la recolección universal y el tratamiento adecuado de los residuos sólidos en todo el país.

En Brasil, la recolección selectiva todavía se centra en los desechos sólidos secos (plásticos, papel, cartón, metal, vidrio y otros), mientras que los desechos sólidos húmedos (desechos de alimentos, desechos de poda, plazas y jardines) representan la mayor cantidad de desechos. Residuos sólidos recogidos.

Las políticas de gestión ambiental deben centrarse en el tratamiento, es decir, los residuos sólidos secos y húmedos directos a diferentes destinos, antes de la eliminación final.

En base a esta perspectiva, es importante en esta situación, antes de crear políticas de gestión, observar primero los aspectos socioambientales del municipio, y solo después de un análisis detallado de los índices, definir el destino más adecuado para el tratamiento y el destino final de los residuos sólidos.

Incluso con las muchas alternativas de instrumentos disponibles para las autoridades públicas para hacer efectiva la gestión de residuos sólidos, muchos municipios aún no cuentan con la infraestructura adecuada para la ejecución de los servicios de recolección, tratamiento y disposición final, y / o un Plan de Gestión Residuos sólidos integrados, según lo determinado por el PNRS.

Además de regular la gestión de residuos sólidos en el país, el PNRS también brinda apoyo normativo a los estados y municipios para desarrollar sus planes de gestión de residuos sólidos, eliminar los vertederos y vertederos controlados.

En sus planes, los municipios deben establecer mecanismos para la creación de fuentes de negocios sociales, programas de Educación Ambiental y acciones que promuevan la no generación, reducción, reutilización, reconfiguración, tratamiento, reciclaje y / o la disposición final adecuada.

Para ciudades pequeñas y medianas con baja producción de residuos sólidos, Marconsin y Rosa (2013) consideran que las soluciones económicamente y ambientalmente viables para procesar este material a menudo se pueden lograr mediante la creación de consorcios regionales, que establecen la cantidad mínima de residuos para ser tratado.

La elaboración y construcción de las instalaciones de procesamiento o el destino final de los residuos sólidos son cruciales para ofrecer una solución de tratamiento adecuada. No es suficiente solo recolectar y desechar, es técnicamente necesario tratar las responsabilidades de reciclaje y, a cambio, la implementación de políticas de gestión pública.

Gestión es un término amplio que, según Morais y Campos (2009), alcanza una serie de etapas, pasos y actividades internas y externas que el sector público o privado debe llevar a cabo. Se entiende comúnmente como administración.

La gestión de residuos sólidos se refiere al establecimiento de políticas, normas, leyes y procedimientos relacionados con estos. A pesar de esto, los municipios son responsables de implementar políticas de gestión.

Cada municipio debe preparar un Plan Integrado de Gestión de Residuos Sólidos, diseñar, implementar y gestionar sistemas de gestión de residuos sólidos, crear indicadores de desempeño operacional y ambiental, servicios de limpieza y gestión urbana. Además, el gerente municipal debe planificar acciones que puedan promover la gestión adecuada de los residuos sólidos.

La gestión ambiental es, sobre todo, una cuestión de planificación para las organizaciones porque implica la oportunidad de reducir costos, ya que una empresa contaminante es, en primer lugar, una entidad que desperdicia materias primas, energía y gasta más en producir menos.

El término gestión ambiental es bastante completo, y a menudo se usa para designar acciones ambientales en ciertos espacios geográficos, como la gestión ambiental de cuencas fluviales, la gestión ambiental de parques y reservas forestales, la gestión de áreas de protección ambiental, la gestión ambiental de reservas de biosfera y otros modalidades de manejo que incluyen aspectos ambientales [21].

Para Crispim (2007) es un conjunto de políticas, programas y prácticas administrativas y operativas que tienen en cuenta la salud y la seguridad de las personas y la protección del medio ambiente, a través de la eliminación o minimización de los impactos y daños ambientales negativos derivado de implantación, operación, expansión, reubicación o desactivación de proyectos, incluidas todas las fases del ciclo de vida de un producto.

Por lo tanto, el objetivo principal de la gestión ambiental debe ser la búsqueda permanente para mejorar la calidad ambiental de los servicios, productos y el entorno laboral de cualquier organización pública o privada. Esta búsqueda es un proceso de mejora constante del sistema de gestión ambiental establecido por la organización.

Sin embargo, a medida que la sociedad toma conciencia de la necesidad de preservar el medio ambiente, la opinión pública comienza a presionar a las autoridades locales, a buscar alternativas para desarrollar sus actividades económico-administrativas de una manera más racional y a estimular al sector privado para que produzca de una manera ambientalmente sostenible.

6.2 Reflexiones Acerca de Temas Ambientales

Los temas ambientales que surgieron en este siglo son señalados por los científicos como consecuencias del cambio climático. Los más citados en el Programa de las Naciones Unidas para el Medio Ambiente (PNUMA) como impactos ambientales globales negativos son: degradación del agua y la tierra, agotamiento del ozono estratosférico, lluvia ácida, deforestación tropical, pérdida de biodiversidad, retracción de glaciares, escasez de minerales objetivos estratégicos, residuos electrónicos y seguridad alimentaria.

Según los científicos, los impactos ambientales positivos a nivel global son: la alineación de la gobernanza con los desafíos de la sostenibilidad global. Una cuestión eminentemente política, que resulta del desajuste visible entre la naturaleza de estos desafíos y el sistema de gobernanza local y global de sostenibilidad que existe hoy en día. La transformación de los recursos humanos para el siglo XXI; la conexión entre ciencia y política; El reconocimiento de que la adaptación al cambio climático es inevitable.

Acelerar la implementación de sistemas de energía renovable amigables con el medio ambiente; conservación de la biodiversidad e integración en las agendas ambientales y económicas; enfrentar las crecientes presiones sobre los ecosistemas costeros; gobernanza adaptativa el cambio en la actitud colectiva hacia los cigarrillos, que pasó de ser una moda a ser rechazado por la mayoría, debido a su daño a la salud.

Los impactos positivos citados por los ambientalistas globales son reconocidos por la comunidad científica como muy importantes para el bienestar humano, por lo tanto, deben aparecer en la agenda ambiental contemporánea de todas las naciones.

Los problemas ambientales deben recibir una mirada holística, desde lo local a lo global, ya que los efectos de muchos son de dimensiones intercontinentales, como la lluvia ácida, la seguridad alimentaria y la contaminación del aire, ríos y océanos.

Ya no es apropiado desarrollar estrategias limitadas, diseñadas solo para el nivel local. Los impactos ambientales del cambio climático son de alcance global, y esto requiere que las acciones para mitigar y prevenir los problemas ambientales se planifiquen e implementen de manera integrada. Otro factor indispensable es la consideración del alcance de los efectos de las acciones desarrolladas.

La sociedad necesita una reflexión sobre sus acciones de producción y consumo, ya no es permisible mantener el patrón de consumo actual, ya que la escasez de recursos naturales no renovables es real. También existe la generación de residuos sólidos, con la eliminación acelerada de productos, envases y residuos que es difícil de tratar y reciclar. En este contexto, la conciencia de los ciudadanos para preservar el medio ambiente y consumir de manera sostenible es urgente.

Con respecto a los impactos ambientales negativos, en la mayoría de los casos, faltan discusiones que incorporen reflexiones epistemológicas y teórico-políticas que tengan sentido de estos problemas ambientales. Esto, además de tratar el tema ambiental como un problema de responsabilidad local.

Los sistemas sociales y naturales no son tratados de manera integrada por la comunidad científica, los agentes políticos y los sectores productivos.

La educación ambiental es vista como un conjunto de prácticas conceptuales relacionadas con el comportamiento doméstico del individuo, la socialización del ocio urbano, las actividades escolares y la preservación del medio ambiente. La pedagogía ambiental practicada en las instituciones educativas no tiene una base epistemológica para despertar el pensamiento reflexivo, abierto y vinculado a la práctica social.

Es necesario fomentar la investigación social, el intercambio de opiniones, la educación y la difusión del conocimiento que instigue la práctica social, para reunir conocimientos específicos, en un contexto que supere la dicotomía objeto y sujeto, así como la naturaleza y los seres humanos. ya que están construidos socialmente.

CONCLUSIONES FINALES

La educación ambiental es un comportamiento que debe estar presente en todo lo que los seres humanos hacen en su vida diaria. No debe ser un hábito esporádico o acciones específicas. Es un concepto de vida que cada individuo necesita tener, aprender y practicar, no solo en el entorno escolar, sino en todas las fases sociales de su vida y en todos los espacios de vida.

En parte, cuando se trata de desechos sólidos, la práctica de la Educación Ambiental se convierte en una herramienta de importancia fundamental para sensibilizar a la población sobre la eliminación adecuada, ya que la práctica de la eliminación final inadecuada de RSU todavía ocurre en todas las regiones y estados brasileños.

A menudo, esta eliminación no siempre ocurre correctamente, lo que resulta en impactos ambientales negativos, como contaminación del aire, ríos, obstrucción de alcantarillas, erosiones, sedimentación de ríos y contaminación de arroyos y manglares, contaminación de los océanos, además de la transformación. en riesgo para los animales terrestres y acuáticos, y caracterizar mal el paisaje natural y urbano.

Cuando se eliminan adecuadamente, los desechos sólidos pueden tener un destino apropiado o disposición final. En este sentido, la implementación de acciones por parte de las autoridades públicas, los sectores productivo y comercial, relacionadas con la separación y recolección de residuos sólidos debe enfocarse en crear conciencia, sensibilizar y movilizar a la población.

El consumo masivo aumenta la generación de residuos sólidos, ya que los productos se eliminan rápidamente, lo que aumenta la cantidad de residuos sólidos. La realización de la separación para la recolección selectiva con el objetivo de reutilizar, reconfigurar, tratar, reciclar y / o hacer la disposición final adecuada en el relleno sanitario es el gran desafío de los administradores públicos de hoy, así como la consolidación de la Educación Ambiental. El papel de la Educación Ambiental es promover una nueva relación entre la sociedad humana y su entorno.

La gestión correcta de los desechos sólidos es un desafío emergente, pero debe hacerse en la mayoría de los municipios brasileños, incluso si no cuentan con los recursos técnicos, financieros y humanos. El camino a seguir es la promoción de acciones de movilización social, con la ayuda de la Educación Ambiental, con el objetivo de despertar en la población el hábito de separación y eliminación correcta de residuos sólidos.

La Educación Ambiental es un instrumento que permite a los seres humanos reflexionar sobre los problemas ambientales y sociales del planeta y la vida en sociedad, llevándolos a la construcción de nuevos valores sociales, en la adquisición de conocimientos, actitudes, competencias y habilidades para conquista y mantenimiento del derecho a un medio ambiente ecológicamente equilibrado.

Cada individuo en el planeta es corresponsable de sus responsabilidades medioambientales, aunque sus acciones son contabilizadas por las autoridades públicas dentro de un contexto macro.

Como los efectos de los problemas ambientales ya no se limitan al nivel local, por ejemplo, la contaminación de los océanos por desechos sólidos, los programas desarrollados para mitigar los impactos negativos que surgen, deben coordinarse entre todos los involucrados, hasta el punto de hacerlos factibles.

Como los problemas medioambientales solo crecen todos los días y son una responsabilidad medioambiental inevitable, la adopción de medidas apropiadas y necesarias para gestionarlos es un desafío cada vez más presente en la agenda política de todos los gestores públicos del planeta. La solución única y adecuada para todos no existe, a pesar de los avances tecnológicos en la ciencia en los últimos años.

La necesidad del carácter gerencial de las autoridades públicas es evidente, pero consideramos que, en general, una buena parte de las soluciones solo funciona cuando hay una participación proactiva de la población. Es urgente que la gente vea el mundo desde la perspectiva de la Educación Ambiental.

En base a esta suposición, entendemos que es esencial promover la Educación Ambiental en el contexto social experimentado por los ciudadanos del país, en todas las esferas educativas y clases sociales. La Educación Ambiental debe practicarse como un esfuerzo hacia la sostenibilidad del planeta.

Este libro no pretende agotar el tema. En cambio, busca dar una dirección teórica sucinta y multidisciplinaria sobre el tema. Los libros disponibles, en general, se limitan a discutir estudios de casos y análisis críticos de proyectos pedagógicos desarrollados en grupos escolares.

En este libro, se esforzó por presentar un enfoque original en Educación Ambiental, además de temas transversales. Con eso, buscamos preservar la objetividad sin comprometer la calidad del texto. El libro permite una mejor reflexión sobre un tema aún en consolidación en la teoría nacional, pero que merece una discusión teórica con enfoques prácticos.

REFERENCIAS BIBLIOGRÁFICAS

[1] ABNT, Associação Brasileira de Normas Técnicas. NBR 10.004. Resíduos sólidos – Classificação. Rio de Janeiro: ABNT, 2004.

[2] ABRELPE, Associação Brasileira de Empresas de Limpeza Pública e Resíduos Especiais. **Panorama dos resíduos sólidos no Brasil**. São Paulo/SP: Abrelpe, 2016.

[3] _____. **Estimativas dos custos para viabilizar a universalização da destinação adequada de resíduos sólidos no Brasil**. São Paulo: Abrelpe, 2015b.

[4] ALDO, R. G.; GUILLERMINA, F. La educación ambiental: un instrumento para el turismo sustentable. **Revista Hospitalidade**. Vol. 10, n. 2, p. 296 - 312, 2013.

[5] AZEVÊDO, Á. S. C. A educação ambiental no turismo como ferramenta para a conservação ambiental. **AOS - Amazônia, Organizações e Sustentabilidade**. Vol. 3, n.1, p. 77-86, 2014.

[6] BAPTISTA, V. F. As políticas públicas de coleta seletiva no município do Rio de Janeiro: onde e como estão as cooperativas de catadores de materiais recicláveis?. **Revista de Administração Pública (RAP)**. Vol. 49, n.1, p. 141-164, 2015.

[7] BARBIERI, J. C. **Gestão ambiental empresarial: conceitos, modelos e instrumentos**. 2. ed. atual e ampliada. São Paulo: Saraiva, 2007.

[8] BARBOSA, A. **Reflorestamento com eucalipto no Brasil**. 2018. Disponível em:<https://brasilescola.uol.com.br/brasil/o-

reflorestamento-com-eucalipto-no-brasil.htm>. Acesso em: 12 out. 2018.

[9] BARBOSA, M. S.; KRAVETZ, M. C. **Gestão ambiental na administração pública**. Caderno Meio Ambiente e Sustentabilidade. Vol. 3, n. 2, 2013.

[10] BESEN, G. R.; RIBEIRO, H.; GUNTHER, W. M. R.; JACOBI, P. R. Selective waste collection in the São Paulo metropolitan region: impacts of the national solid waste policy. **Ambiente & Sociedade**. Vol. 17, n. 3, p. 253-272, 2014.

[11] _____. **Lei nº 9.795, de 27 de abril de 1999**: Institui a Política Nacional de Educação Ambiental - PNEA. Disponível em: <http://www.planalto.gov.br>. Acesso em: 27 jun. de 2015.

[12] _____. **Resolução Conama nº 275/2001**: Estabelece código de cores para diferentes tipos de resíduos na coleta seletiva. Publicação Diário Oficial de União, nº 117, de 19/06/2001, Brasília. p.80.

[13] _____. **Lei nº 11.445, de 5 de janeiro de 2007**: Estabelece diretrizes nacionais para o saneamento básico. Disponível em: <http://www.planalto.gov.br>. Acesso em: 06 jul. 2017.

[14] _____. **Lei nº 12.305, de 2 de agosto de 2010:** Institui a Política Nacional de Resíduos Sólidos. Disponível em: <http://www.planalto.gov.br>. Acesso em: 06 jul. 2017.

[15] BRINGHENTI, J. R.; GUNTHER, W. M. R. Participação social em programas de coleta seletiva de resíduos sólidos urbanos. **Engenharia Sanitária Ambiental**. Vol. 16, n. 4, p. 421-430, 2011.

[16] CAMPOS, R. F.; VASCONCELOS, F. C. W.; FÉLIX, L. A. G. A Importância da Caracterização dos Visitantes nas Ações de Ecoturismo e Educação Ambiental do Parque Nacional da Serra do Cipó/MG. **Revista Turismo em Análise**. Vol. 22, n. 2, p. 397-427, 2011.

[17] CULTURA MIX. **O reflorestamento no Brasil**. Disponível em:<http://meioambiente.culturamix.com/projetos/o-refloresta-mento-no-brasil>. Acesso em: 12 out. 2018.

[18] CRISPIM, M. **Gestão Ambiental**. Disponível em: http://diariodonordeste.globo.com>. Acesso em: 20 de mar. 2009.

[19] DENICOL, M. S. G. M.; CONTO, S. M. A Educação Ambiental como Objeto de Estudos nos Programas Stricto Sensu em Turismo no Brasil (período 1997-2011). **Revista Brasileira de Pesquisa em Turismo**. Vol.8, n. 3, p. 494-513, 2014.

[20] DIAS NETO, Antônio Alves. **Gestão de resíduos sólidos – uma discussão sobre o papel das políticas públicas e arranjos institucionais do estado**. 2009. Dissertação (Mestrado) – Universidade Federal da Bahia, Salvador/BA.

[21] GALVÃO, J. M; MARTINS, F. A. C; NETO, A. A; RUIZ, R. **Gestão ambiental:** aplicação dos biodigestores. XIII SIMPEP – Bauru, SP, Brasil, nov. 2006. Disponível em:< http://www.simpep.feb.unesp.br/anais/anais_13/artigos/451.pdf >. Acesso em: 15 abr. 2009.

[22] GIESTA, L. C. Desenvolvimento sustentável, responsabilidade social corporativa e educação ambiental em contexto de inovação organizacional: conceitos revisitados. **Revista de Administração da UFSM**. Vol. 5, ed. especial, p. 767-784, 2012.

[23] GONÇALVES-DIAS, S. Consumo e resíduos: duas faces da mesma moeda. **GVexecutivo**. Vol. 14, n. 1, p. 38-41, 2015.

[24] JACOBI, P. R.; BESEN, G. R. Gestão de resíduos sólidos em São Paulo: desafios da sustentabilidade. **Estudos avançados**. Vol. 25, n.71, p. 135-158, 2011.

[25] LEITE, P. R. **Logística Reversa**: meio ambiente e competitividade. São Paulo: Pearson Prentice Hall, 2009.

[26] MARCONSIN, A. F.; ROSA, D. S. A comparison of two models for dealing with urban solid waste: Management by contract and management by public-private partnership. **Resources, Conservation and Recycling**. Vol. 74, p.115-123, 2013.

[27] MARCHI, C. M. D. F. Cenário mundial dos resíduos sólidos e o comportamento corporativo brasileiro frente à logística reversa. **Perspectivas em Gestão & Conhecimento**. Vol. 1, n. 2, p. 118-135, 2011.

[28] MIGLIANO, J. E. B., DEMAJOROVIC, J., XAVIER, L. H. Shared responsibility and reverse logistics systems for e-waste in Brazil. **Journal of Operations and Supply Chain Management**. Vol. 7, n. 2, p. 91-109, 2014.

[29] MORAIS, R. T. R; CAMPOS, H. A. Gestão ambiental municipal: a experiência de um município da região das Hortênsias no Rio Grande do Sul. **In:** VI Congresso Virtual Brasileiro de Administração. 2009. Anais online. Disponível em:<http://www.­convibra.org/2009/>. Acesso em: 12 jun. 2016.

[30] NASCIMENTO, J. C. F. 2007. **Comportamento mecânico de resíduos sólidos urbanos**. Dissertação (Mestrado) - Universidade de São Paulo. São Carlos-SP.

[31] NURENE, Núcleo Regional Nordeste. Secretaria Nacional de Saneamento Ambiental (org). **Resíduos Sólidos**: plano de gestão integrada de resíduos sólidos - guia do profissional em treinamento: nível 2. Salvador: ReCESA, 2008. 76p.

[32] PASCHOALIN FILHO, J. A.; SILVEIRA, F. F.; LUZ, E. G.; OLIVEIRA, R. B. Comparação entre as Massas de Resíduos Sólidos Urbanos Coletadas na Cidade de São Paulo por Meio de Coleta Seletiva e Domiciliar. **Revista de Gestão Ambiental e Sustentabilidade**. Vol. 3, n. 3, p. 19-33, 2014.

[33] PEREIRA, F. A. Educação ambiental e interdisciplinaridade: avanços e retrocessos. **Brazilian Geographical Journal: Geosciences and Humanities research medium**. Vol. 5, n. 2, p. 575-594, 2014.

[34] PEREIRA, M. C. G.; TEIXEIRA, M. A. C. A inclusão de catadores em programas de coleta seletiva: da agenda local à nacional. **Cadernos EBAPE.BR (FGV)**. Vol. 9, n. 3, artigo 10, 2011.

[35] PLEŞEA, D. A.; VIŞAN, S. Good practices regarding solid waste management recycling. **Amfiteatru Economic**. Vol. 12, n. 27, p. 228-241, 2010.

[36] SÃO PAULO - ESTADO. Secretaria do Meio Ambiente. **Gestão ambiental**. Roberta Buendia. São Paulo: SMA/ SABBAGH, 2011.

[37] SANTOS, J. G. A logística reversa como ferramenta para a sustentabilidade: um estudo sobre a importância das cooperativas de reciclagem na gestão dos resíduos sólidos urbanos. **REUNA**. Vol. 17, n. 2, p. 81-96, 2012.

[38] SILVA, L. C.; ROZA, B. C.; RATHMANN, R. Gestão de resíduos sólidos urbanos na cidade do Porto (Portugal): um exemplo de prática sustentável?. **Revista de Gestão Social e Ambiental - RGSA**. Vol. 6, n. 2, p. 60-78, 2012.

[39] SECRETARIA DE GOVERNO. Presidência da República. **Movimento de Catadores de Materiais Recicláveis entrega pauta de reivindicações ao ministro Gilberto Carvalho.** 2011. Disponível em:<http://www.secretariadegoverno.gov.br>. Acesso em: 12 out. 2018.

[40] UNITED NATIONS ENVIRONMENT PROGRAMME. **Framework of Global Partnership on Waste Management, Note by Secretariat**. 2010. Disponível em:<http://www.unep.or>. Acesso em: 12 nov. 2017.

[41] TEXAS COMMISSION ON ENVIRONMENTAL QUALITY. **Wastes That May Be Accepted at Municipal Solid Waste Facilities**. 2015. Disponível em:<https://www.tceq.texas.gov>. Acesso em: 12 out. 2018.

[42] WAGNER et al. **Environmental education**: Contribution to a sustainable future. SURF-nature project. European Regional Development Fund through the INTERREG IVC programme. WWF, Germany, 2011.

[43] YOSHIDA, C. Competência e as diretrizes da PNRS: conflitos e critérios de harmonização entre as demais legislações e normas. In: JARDIM, A.; YOSHIDA, C.; MACHADO FILHO, J. V. **Política nacional, gestão e gerenciamento de resíduos sólidos**. Barueri-SP: Manole, 2012.